Erbe und Umwelt | 39

Durch Selbstbestäubung einer Bohnenpflanze erhielt man eine große Anzahl erbgleicher Bohnensamen. Die Auszählung und Messung der Samengröße zeigt Abbildung 1.
Anschließend wurden nur die kleinsten (Versuch1) und nur die größten Samen (Versuch 2) unter sonst gleichen Umweltbedingungen wieder zur Aussaat gebracht.
Im Versuch 3 wurden die kleinsten Samen unter besseren Umweltbedingungen als zuvor, in Versuch 4 unter schlechteren Umweltbedingungen zur Aussaat gebracht.

1. Beschreibe und erläutere Abbildung 1.

Es zeigt sich eine typische Größenvariation der Bohnensamen. Die Größenunterschiede müssen umweltbedingt (unterschiedliches Licht, Feuchtigkeit usw.) sein, da es sich um erbgleiche Samen handelt.

2. Beschreibe und erkläre die Ergebnisse aus den Versuchen 1 bis 4 in deinem Heft.

In den Versuchen 1 und 2 zeigt sich die gleiche Verteilung und Variationsbreite wie zuvor. Erbgleiche Samen führen bei gleichen Umweltbedingungen zu den gleichen Ergebnissen. In Versuch 3 verschiebt sich die Variationskurve in Richtung auf große Bohnen, bei Versuch 4 in Richtung auf kleine Bohnen. Innerhalb ihrer genetisch vorgegebenen Variationsbreite können die Bohnen bei sich ändernden Umweltbedingungen in ihrer Größe variieren. Die Pflanzen können so auf wechselnde Umweltbedingungen reagieren.

Intelligenz – Erbe oder Umwelt ?

Mithilfe von Tests wurde bei verschiedenen Personengruppen der Intelligenzquotient (IQ) ermittelt. In der folgenden Tabelle werden die Testergebnisse miteinander verglichen.

Übereinstimmung im Intelligenzquotienten (IQ) in %

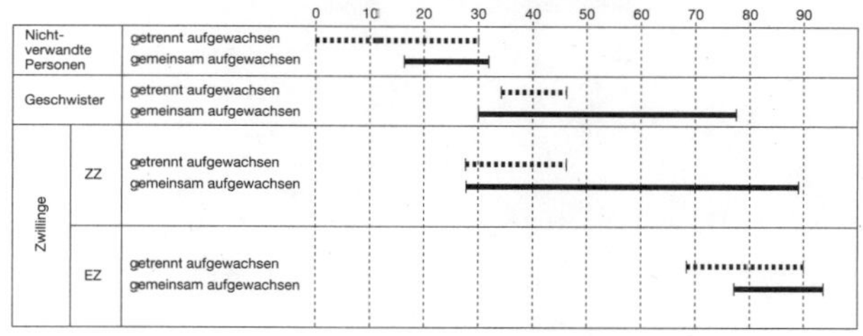

1. Warum werden in der Untersuchung Gruppen unterschiedlichen Verwandtschaftsgrades miteinander verglichen, warum getrennt aufgewachsene Personen mit gemeinsam aufgewachsenen ?

Es wurden Personen unterschiedlichen Verwandtschaftsgrades miteinander verglichen, um Aussagen zur Erblichkeit der Intelligenz zu erhalten. Bei getrennt bzw. gemeinsam aufgewachsenen Gruppen versucht man den Einfluss unterschiedlicher Umwelt (-bedingungen) zu klären.

2. Wird Intelligenz vererbt ? Werte zur Beantwortung die Untersuchung aus.

Bei allen Gruppen sind die Übereinstimmungen bei den gemeinsam aufgewachsenen Personen größer als bei den getrennt aufgewachsenen. Umweltfaktoren wie Erziehung und Schule spielen also eine Rolle. Je größer der Verwandtschaftsgrad, desto größer die Übereinstimmung. Daraus folgt, dass Intelligenz auch erblich ist.

3. Nimm kritisch Stellung zu den Versuchsergebnissen.

Die Ergebnisse weisen starke Schwankungen auf. Es wird nichts über die eigentlichen Tests und die Testverfahren ausgesagt. Weiterhin fehlen Aussagen zur Größe der Versuchsgruppen und deren sozialer Herkunft. Die Ergebnisse sind daher mit Skepsis zu beurteilen.

Genetische Beratung | 41

1. Sowohl die Rot-Grün-Blindheit als auch die Bluterkrankheit werden geschechtschromosomen-gebunden rezessiv vererbt. Welche Hinweise hierfür gibt der Stammbaum?

Nur Männer sind von einer der beiden Erbkrankheiten betroffen, dies spricht für eine geschlechtschromosomen-gebunde Vererbung. Äußerlich gesunde Eltern zeugen erkrankte Kinder. Dies ist nur mit einer rezessiven Vererbung zu erklären.

2. Beantworte die Frage des Paares nach der Wahrscheinlichkeit der Erkrankung ihrer Kinder. Erstelle hierzu ein Kreuzungsschema, das die möglichen Kombinationen der Geschlechtschromosomen beider Eltern enthält.

$X^x X$ × $X^o Y$

Kz: X^x X X^o Y

$X^x X^o$ $X^x Y$ $X X^o$ $X Y$

Allel für Bluterkrankheit: X^o

Allel für Rotgrünblindheit: X^x

Die Töchter wären äußerlich gesund, jedoch mit einer Wahrscheinlichkeit von 50 % jeweils Überträgerinnen für die Bluterkrankheit bzw. Überträgerinnen beider Krankheiten. Die Söhne wären zu 50 % gesund und zu 50 % rot-grün-blind.

3. Welchen Rat würdest du angesichts dieser Ergebnisse dem Paar geben? Notiere die Antwort in deinem Heft.

Da sämtliche Töchter äußerlich gesund wären und nur die Söhne in der Hälfte aller Fälle die harmlose Rot-Grün-Blindheit besäßen, spräche kaum etwas gegen eine Schwangerschaft.

Klonen, ja oder nein? | 42

1977 wurde mit dem Schaf DOLLY zum ersten Mal ein Säugetier geklont. Seitdem stellt man Überlegungen an, auch den Menschen zu klonen. Bis heute sind solche Klonierungsversuche beim Menschen jedoch verboten.

1. In der Abbildung ist eine theoretisch denkbare Klonierung eines Menschen dargestellt. Beschreibe die verschiedenen Schritte, die bei einer Klonierung durchgeführt werden müssten.

Es werden Körperzellen des Menschen, der geklont werden soll, entnommen (1). Eine Eizelle wird aus dem Eierstock einer Frau entfernt und entkernt (2). Unter Zuführung elektrischer Energie werden Körperzelle mit entkernter Eizelle verschmolzen (3). In einer Nährlösung lässt man die neue Zelle zu einem vielzelligen Keim heranwachsen(4). Es folgt die Verpflanzung des Keims in die Gebärmutter einer Leihmutter, die den Klon austrägt (5). Der Klon wächst zu einem Menschen heran (6).

2. Welche Argumente sprechen für eine Klonierung von Tieren und welche gegen die Klonierung von Menschen?

Für die Klonierung von Tieren spricht u. a. die Möglichkeit gleich leistungsfähige und ertragreiche Tiere zu erhalten. Weiterhin können so vom Aussterben bedrohte Arten erhalten werden. Gegen die Klonierung von Menschen sprechen u. a. ethische Bedenken (Menschenzüchtung ist nicht mit der Menschenwürde vereinbar, Missbrauch des Menschen als Ersatzteillager für Gewebe und Organe, Eingriff in die Schöpfung/Evolution).

Gentherapie kann heilen — 43

1990 führte man in den USA die erste erfolgreiche Gentherapie an einem vierjährigen Mädchen durch. Die Patientin litt an einer seltenen Erbkrankheit, die auf dem Mangel an einem bestimmten Enzym beruht. Die Folge ist eine Störung im Immunsystem, sodass Kinder mit diesem Enzym-Mangel bereits an harmlosen Infektionskrankheiten sterben können.
Da keine andere Behandlungsmethode erfolgreich war, entschied man sich für die Gentherapie:

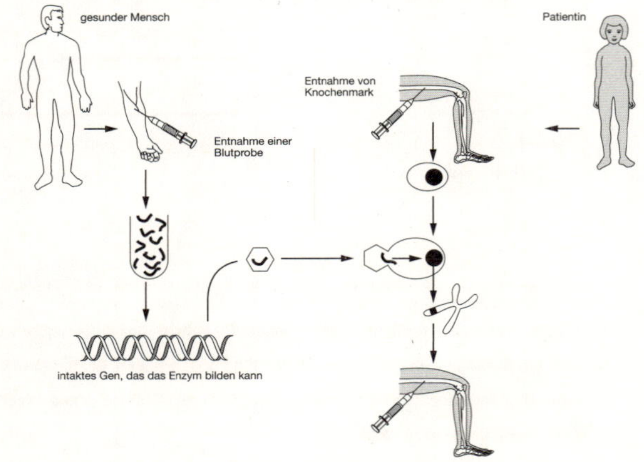

1. Beschreibe anhand der Abbildung die verschiedene Schritte einer Gentherapie.

Blut von gesunden Menschen bzw. Knochenmark von Erkrankten werden entnommen. Aus den Blutzellen isoliert man die DNA und das intakte Gen. Dieses wird dann in die Knochenmarkszellen des erkrankten Menschen übertragen und dort in das Erbgut eingebaut. Die genmanipulierten Knochenmarkszellen gelangen in den Körper des Erkrankten, wo sie für eine Bildung des Enzyms sorgen.

2. Führt die beschriebene Gentherapie dazu, dass künftige Generationen von dieser Erbkrankheit verschont bleiben ?

Nein, da bei dieser Form der Gentherapie nur Körperzellen des Erkrankten behandelt werden (somatische Gentherapie).

Das Reiz-Reaktions-Prinzip bei Amseln — 44

Hungrige Jungvögel zeigen das Verhalten des „Sperrens“. Dabei strecken sie ihre Hälse nach oben und reißen den Schnabel weit auf. Schnabelinnenraum und Rachen sind auffällig gezeichnet. Mithilfe der folgenden drei Versuche wurde die Frage untersucht, wodurch dieses Sperren ausgelöst wird:

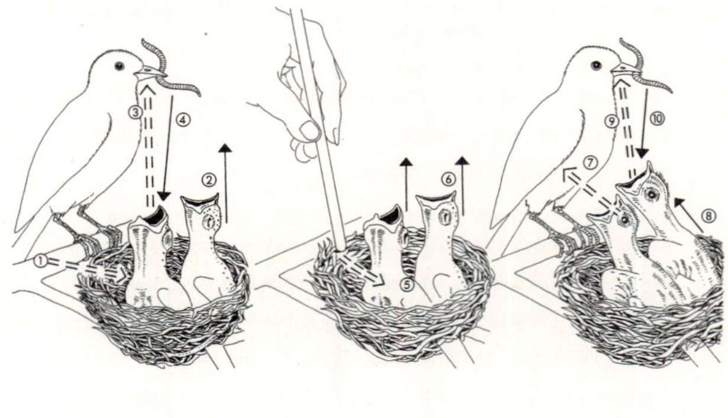

A Blinde Amseljungen (ca. 4 Tage alt) werden gefüttert

B Nest mit blinden Amseljungen wird mit einem Stab berührt

C Sehende Amseljunge (ca. 10 Tage alt) werden gefüttert

1. Bei der Fütterung durch den Altvogel kommt es zu einem Wechselspiel zwischen Reiz (Schlüsselreiz) und der entsprechenden Reaktion. Beschrifte die nummerierten Reizpfeile (= = =>) bzw. Reaktionspfeile (→) in den Abbildungen.

① **Erschütterungsreiz**	② **Sperrreaktion**	③ **Schnabelzeichnung**
④ **Fütterungsreaktion**	⑤ **Erschütterungsreiz**	⑥ **Sperrreaktion**
⑦ **Altvogel**	⑧ **gerichtete Sperrreaktion**	⑨ **Schnabelzeichnung**
⑩ **Fütterungsreaktion**		

2. Kläre mithilfe der Abbildungen, durch welche äußeren Faktoren das Sperren bei den vier Tage alten bzw. bei den zehn Tage alten Jungvögeln ausgelöst wird.

Abbildung B zeigt, dass bei blinden Jungvögeln der Erschütterungsreiz das Sperren auslöst. Bei den älteren Jungvögeln (Abbildung C) stellt das Äußere der Altvögel den entscheidenden Reiz dar.

Attrappenversuche bei Amseln — 45

Mithilfe verschiedener Attrappenversuche wurde die Frage untersucht, welche Merkmale des Amselkopfes als Schlüsselreize wirken:

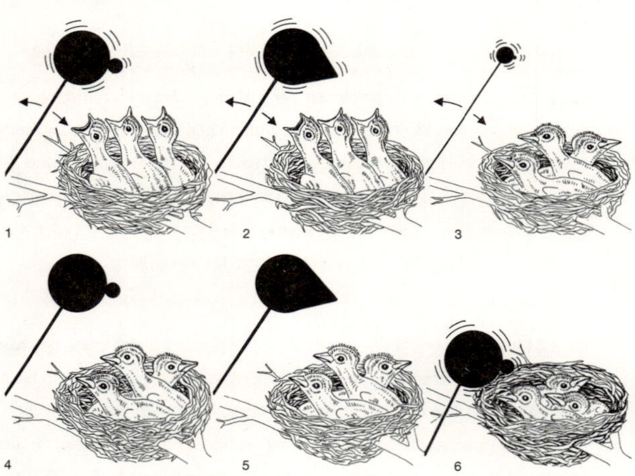

1. Beschreibe die Ergebnisse der verschiedenen Attrappenversuche und erkläre, wodurch die Sperrreaktion der Amseljungen ausgelöst wird.

Die sehenden Amseljungen reagieren auf die schwarze Zweikopfattrappe (Versuch 1) und die schwarze Einkopfattrappe (Versuch 2), sofern sie in einer bestimmten Entfernung zum Nest bewegt werden. Fehlt die Bewegung (Versuche 4 und 5), so reagieren die Jungvögel nicht. Ebenso erfolgt keine Reaktion, wenn die Attrappen eine bestimmte Größe (Versuch 3) unterschreiten oder zu nah am Nest bewegt werden (Versuch 6).

2. Beantworte die Frage, ob Amseljunge ihre Eltern individuell erkennen.

Die Amseljungen können ihre individuellen Eltern nicht erkennen, da sie auch auf stark abgewandelte Attrappen mit Sperren reagieren.

Verhalten von Jungfischen eines Maulbrüters — 46

Unter den Fischen gibt es Arten, die ihre Eier im Maul ausbrüten. Das Weibchen behält die Eier und später die Jungfische im Maul, bis diese den Dottersack aufgebraucht haben und frei schwimmen können. Sind die Jungen weit genug entwickelt, werden sie von der Mutter ausgespuckt. Sie können dann bereits gut schwimmen und nehmen selbst Nahrung auf. Eine Woche lang kehren sie noch zeitweise ins Maul zurück, so zum Beispiel, wenn sie durch Fressfeinde aufgeschreckt werden.

Mithilfe der folgenden Attrappenversuche wurde geklärt, welche Schlüsselreize für das Anschwimmen, und welche für das Eindringen in das mütterliche Maul verantwortlich sind.

Versuch 1:
Die Jungfische einer mittelgrau gefärbten Maulbrüterart wurden isoliert von der Mutter aufgezogen. Den Fischen wurden aus einer Entfernung von 15 cm kugelförmige Attrappen mit grauen und schwarzen Eingängen angeboten. Beobachtung:

Versuch 2:
Der vorherige Versuch wurde in gleicher Weise wiederholt. Der Abstand zur Attrappe wurde jedoch auf 5 cm verringert. Beobachtung:

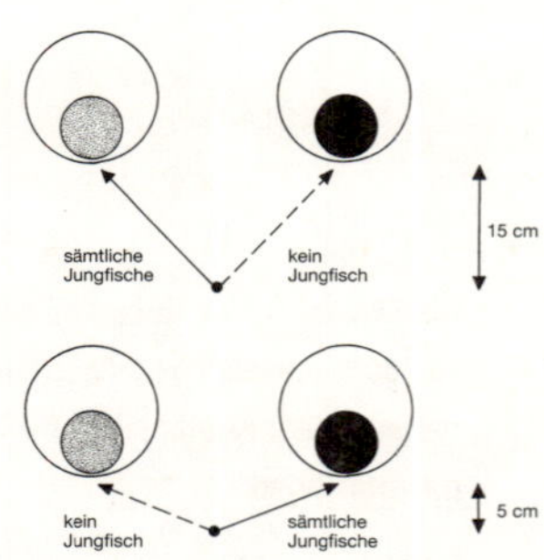

1. Beschreibe die Ergebnisse der beiden Versuche.

Beim Anschwimmen (Versuch 1) bevorzugen die Jungfische die graue Attrappe, beim Versuch des Eindringens (Versuch 2) die schwarze Attrappe.

2. Werte die Versuche aus und erläutere das Ergebnis.

Beim Anschwimmen wird die Farbe bevorzugt, die der Körperfarbe des Weibchens entspricht. Kommen sie näher, so bevorzugen sie die schwarze Farbe, die dem inneren Maul der Mutter ähnelt. Zum Anschwimmen und Eindringen sind unterschiedliche Schlüsselreize notwendig.

Zugverhalten bei Gartengrasmücken | 47

Die Gartengrasmücken sind sperlingsgroße Vögel, die sich von Insekten ernähren. Da sie im Winter in ihren Brutgebieten nicht existieren können, ziehen sie in den Monaten September bis Oktober in ihre südlichen Überwinterungsgebiete. Diesen Herbstzug vollziehen die Gartengrasmücken einzeln und in der Nacht.

Mit eingefangenen, zugbereiten Gartengrasmücken wurden in einem Planetarium folgende Versuche durchgeführt:

Versuch 1:
Einheimische Gartengrasmücken wurde ein Sternenhimmel gezeigt, wie er im Herbst über Mitteleuropa vorhanden ist. Beobachtung:
Die Gartengrasmücken führten die Zugbewegungen in die nebenstehend gezeigten Himmelrichtungen durch.

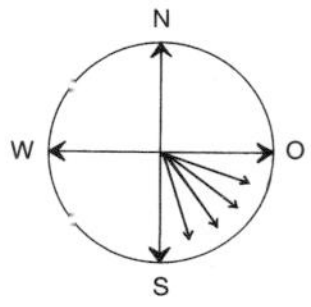

Versuch 2:
Gartengrasmücken wurde ein Sternenhimmel gezeigt, wie er im Frühjahr über ihrem Winterquartier vorhanden ist.
Beobachtung:
Die Gartengrasmücken führten die nebenstehenden Zugbewegungen durch.

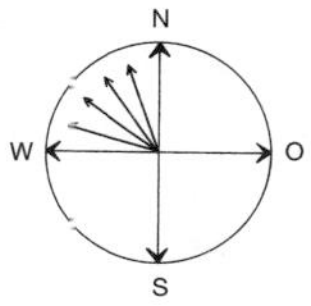

Versuch 3:
Den Gartengrasmücken wurde kein Sternenhimmel gezeigt.
Beobachtungen:
Die Gartengrasmücken zeigten die nebenstehenden Zugbewegungen.

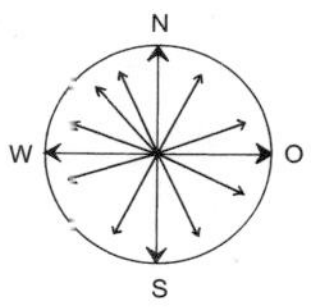

1. Beschreibe die jeweiligen Versuchsbeobachtungen und erkläre sie.

Im ersten Versuch ziehen die Vögel in Richtung auf die vermeintlichen Überwinterungsquartiere. Im 2.Versuch ziehen sie in Richtung der Sommerquartiere. Im letzten Versuch ergibt sich keine einheitliche Zugrichtung. Offensichtlich orientieren sich die Grasmücken bei ihrem Zug am Sternenhimmel.

2. Ist das Zugverhalten angeboren oder wird es von den Elterntieren erlernt?

Da die Gartengrasmücken einzeln ziehen, können sie Zugweg und Zugrichtung nicht von ihrer Eltern erlernen. Das Zugverhalten ist folglich angeboren.

Lernvorgänge bei Hunden (1) | 48

Der russische Mediziner PAWLOW untersuchte den Zusammenhang zwischen Lernvorgängen und körperlichen Reaktionen beim Hund: Er legte die Ohrspeicheldrüse des Hundes nach außen und beobachtete, ob und wann der Hund Speichel abgab:

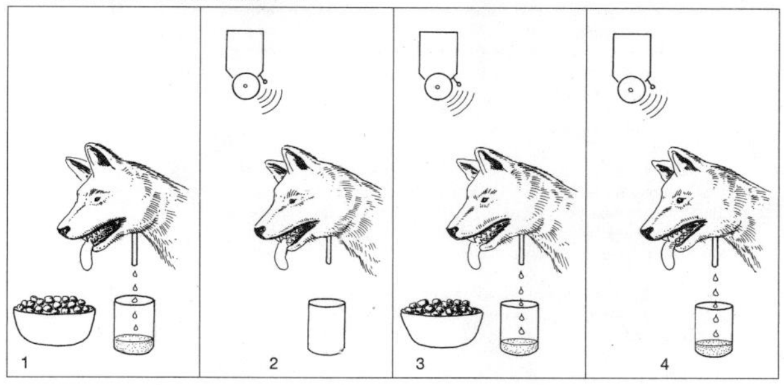

1. Beschreibe und erläutere die Versuchsreihe.

Im ersten Versuch wird dem Hund Futter vorgesetzt, er sondert Speichel ab (unbedingter Reflex). Im zweiten Versuch läutet nur die Glocke, es wird kein Speichel abgesondert (Kontrollversuch). Im dritten Versuch wird Futter gegeben, gleichzeitig ertönt eine Glocke. Der Hund sondert Speichel ab. Der unbedingte Reiz (Futter) löst den bedingten Reflex (Speichelfluss) aus. Im 4. Versuch ertönt nur noch ein Glockenton, ohne dass Futter geboten wurde. Der Hund sondert Speichel ab (bedingter Reflex).

2. Verdeutliche mithilfe der Schemata die Entstehung des Speichelflusses in den Versuchen 3 und 4:

Der unbedingte Reiz (Futter) wird im ZNS mit dem neutralen Reiz (Glockenton) verknüpft (Versuch 3). Später löst der neutrale Reiz alleine mit dem inneren Antrieb den Speichelfluss aus (Versuch 4).

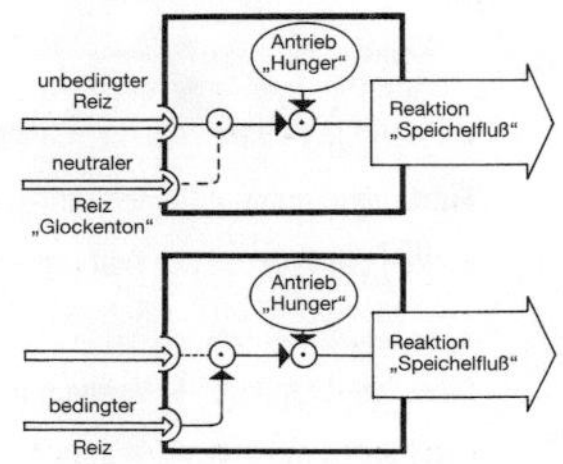

Lernvorgänge bei Hunden (2) | 49

Apportieren bei Jagdhunden. „Es zeugt auch bei Hunden von schlechten Manieren, wenn sie anbeißen, was andere Leute später essen wollen. Also muss ihnen aus diesem Grund (und nicht etwa zur Schonung der vielleicht noch lebenden Ente) andressiert werden, dass sie das apportierte Wild unterwegs zu Herrchen nicht zu zerbeißen haben. Dazu steckt man eine Übungsente in einen Pyjama, der über und über mit Stacheln bespickt ist. Der Hund lernt: Wenn du die Ente kräftig beißt, beißt sie sofort kräftig zurück..." (aus HORST STERN: Bemerkungen über Hunde).

1. Welche Lernvoraussetzungen und Lernformen werden beim Apportieren genutzt?

Beute in der Schnauze zu tragen ist angeboren. Das Zubeißen wird über die Stacheln mit einer unangenehmen Empfindung verknüpft (Lernen am Misserfolg).

Fehler beim Lernen. Ein Blindenhund führte sein Herrchen regelmäßig von der Wohnung zum Arbeitsplatz. Auf diesem Weg befand sich nun eine Holzlatte von einer nahegelegenen Baustelle. Der Blinde stieß vor die Latte, ohne jedoch zu stolpern. Er schüttelte den Hund kurz, da er ihn nicht davor bewahrt hatte und ging dann weiter. Am folgenden Tag blieb der Hund an derselben Stelle stehen, obwohl die Latte fort war. Der Blinde lobte darauf den Hund für seine Fürsorge. Eigentümlicherweise blieb aber der Hund von nun an auch an anderen Stellen stehen, an denen kein neu entstandenes Hindernis vorhanden war. Erst später stelle man fest, dass dort, wo der Hund zuerst zurechtgewiesen worden war und an den Stellen, wo der Hund ohne erkennbaren Grund stehen blieb, Metzgerläden waren.

2. Wie ist das merkwürdige Verhalten des Hundes zu erklären?

Die Reaktion des Hundes (Stehen bleiben) wurde mit dem neuen Reiz des Fleischgeruchs aus dem Metzgerladen verknüpft (bedingte Reaktion).

Umlernen. Ein Hund wurde von seinem Trainer durch Hör- und Sichtzeichen daran gewöhnt, stets in der gleichen Richtung um einen weitläufigen Geländeparcours zu laufen. Nach knapp zwei Wochen bewältigte der Hund diese Aufgabe fehlerfrei. Dann sollte der Hund in genau umgekehrter Richtung den Parcours bewältigen. Diese Aufgabe überforderte den Hund zunächst. Erst nach etwa fünf Wochen war er hierzu in der Lage. Als man ihn dann – unterstützt durch die vertrauten Hör- und Sichtzeichen – um ein sechseckiges Schafgehege schicken wollte, klappte die Übung ebenfalls nicht. Erst nach ca. einjährigem Training umging der Hund unbekannte Gebäude- bzw. Geländekomplexe entweder links- oder rechtsherum.

3. Warum hat der Hund derart große Schwierigkeiten das Schafgehege zu umrunden?

Der Hund konnte die veränderte Geländeform und die damit verbundenen Reize nicht mit den erlernten Signalen des Trainers verknüpfen.

Nachfolgereaktion bei Entenküken | 50

Um genauere Aussagen über den Einfluss des Lebensalters auf den Prägungserfolg bei der Nachfolgereaktion machen zu können, wurde folgende Versuchsanordnung gewählt: Entenküken wurden im Brutschrank erbrütet und im Dunkeln gehalten. Anschließend wurden die Küken in den kreisförmigen Laufgang eines Karussells gesetzt. Dieser war erleuchtet, der Versuchsraum abgedunkelt. Im Laufgang befand sich das Modell eines Entenerpels. Es wurden die folgenden Versuchsreihen durchgeführt:

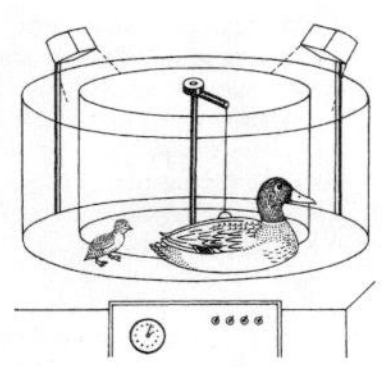

Versuchsreihe A:

Versuch Nr.	Versuchsanordnung	Verhalten des Entenkükens
1	Einem 12 Stunden alten Küken wird eine stumme und bewegungslose Attrappe geboten	Es zeigt keine Reaktion auf die Attrappe
2	Einem 12 Stunden alten Küken wird eine bewegungslose Attrappe mit Ton geboten	Das Küken wendet den Kopf zeigt aber keine Reaktion
3	Einem 12 Stunden alten Küken wird eine Attrappe gezeigt, die mit Ton bewegt wird	Das Küken folgt der Attrappe
4	Einem 5 Tage alten Küken wird zum ersten Mal eine Attrappe gezeigt, die mit Ton bewegt wird	Das Küken zeigt keine Reaktion

Versuchsreihe B:
Isoliert gehaltenen Küken verschiedenen Alters (1–32 Stunden alt) wurde eine bewegte Attrappe mit Ton präsentiert. Der prozentuale Anteil an positiven Nachfolgereaktionen des Kükens wurde in Abhängigkeit vom Lebensalter ermittelt und grafisch dargestellt:

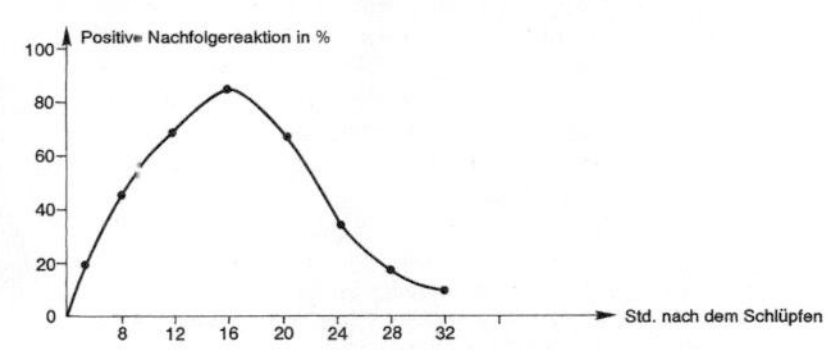

1. Erläutere mithilfe der Versuchsreihe A, welcher Teil der Nachfolgereaktion angeboren und welcher erlernt ist.

In Versuch 3 folgen Küken Attrappen, die sich bewegen und Töne von sich geben. Dieser Teil der Nachfolgereaktion muss angeboren sein, da die Küken isoliert aufgezogen wurden. Versuch 4 beweist, dass das Aussehen der Mutter in einer sensiblen Phase erlernt wird.

2. Erkläre am Beispiel beider Versuchsreihen den Begriff der Prägung.

Prägung ist ein spezieller Lernvorgang, der nur in einer kurzen Entwicklungsphase nach dem Schlüpfen (13–16 Stunden nach dem Schlüpfen, Versuchreihe B) gelernt werden kann. Mit zunehmendem Alter schwächt sie sich ab, spätere Prägeversuche (Versuch 4) scheitern

Verhaltensweisen verbessern sich 51

Hühnerküken beginnen kurz nachdem sie aus dem Ei geschlüpft sind mit dem Picken. Sie picken nach allem, was Körnerform oder Körnergröße hat. Ihre Treffsicherheit wird mit zunehmendem Alter immer besser. Die folgenden Versuche gehen der Frage nach, was Ursache für diese Verbesserung ist. Dazu wurden Küken, die im Dunkeln geschlüpft waren, Brillen aufgesetzt. Eine Kükengruppe erhielt Brillen mit Prismengläsern, die die Lichtstrahlen so umlenken, dass das gesehene Objekt nach links versetzt erscheint. Eine Kontrollgruppe erhielt Gläser, die keine Verschiebung bewirkten. Einer dritten Kükengruppe wurden die Augen verbunden, sodass diese nichts sahen.

Versuch 1: Ein 1 Tage altes Küken erhielt eine normale Brille. Dann wurde in eine weiche Tonplatte ein Nagel gedrückt. Pickte das Küken neben den Nagelkopf, so drückten sich die Schnabelspuren im Ton ab. Nach vier Tagen (rechte Abbildung) wurden die Pickspuren erneut festgehalten:

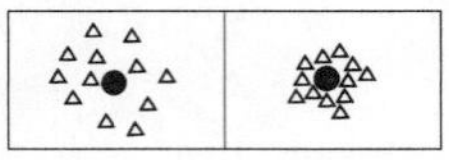

Versuch 2: Einem Küken wurde die Prismenbrille aufgesetzt. Erneut wurden die Pickspuren am 1. Tag (linke Abbildung) und am 4. Tag festgehalten:

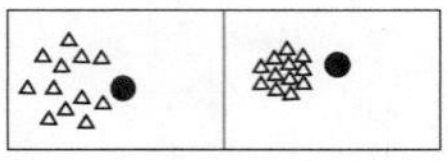

Versuch 3: Einem Küken wurden die Augen mit einem Tuch verbunden, sodass das Küken nichts mehr sah. Erneut wurden die Pickspuren am 1. und 4. Tag ermittelt.

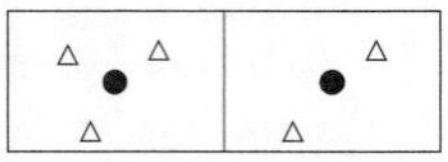

1. Beschreibe die Ergebnisse der drei Versuche.

Im Versuch 1 sind die Pickspuren weit um den Nagelkopf gestreut, später konzentriert sie sich auf einen engen Radius um den Nagelkopf. Im Versuch 2 sind die Pickspuren neben dem Nagelkopf gestreut. Nach vier Tagen konzentriert sich das Picken auf einen engen Kreis. Im Versuch 3 finden sich kaum Pickspuren.

2. Vergleiche die ersten beiden Versuche und beantworte die Frage, ob die Fähigkeit zielsicher zu treffen durch Lernen am Erfolg oder durch Reifung zustande kommt.

Da sich die Pickbewegungen unabhängig vom Ziel, also ohne Verstärkung durch Futterbelohnung auf einen engen Radius konzentrieren, ist die Treffsicherheit beim Picken ein Prozess der Reifung.

3. Erkläre das Ergebnis aus Versuch 3.

Das „blinde Küken“ in Versuch 3 kann das Korn und damit den Schlüsselreiz, der das Picken auslöst, nicht sehen.

Lernen in der SKINNER-Box 52

In Labors, die Lernverhalten erforschen, wird häufig die nebenstehende Lernbox eingesetzt. Drückt das Versuchstier auf eine Drucktaste bzw. einen Hebel, so fällt ein Futterkorn in die danebenliegende Futteröffnung. Nach dem amerikanischen Psychologen SKINNER bezeichnet man diese Lernbox als SKINNER-Box.

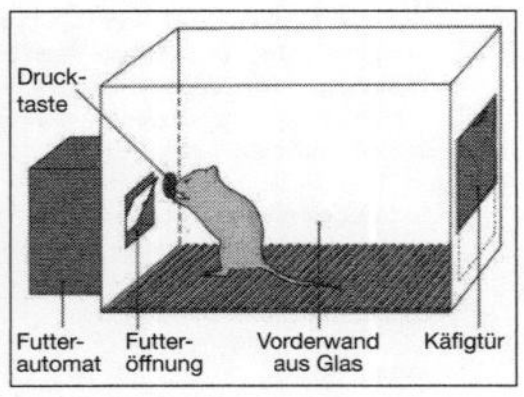

In einer ersten Versuchsreihe setzte man eine Ratte in eine SKINNER-Box. Die neugierige und hungrige Ratte lief in der Box herum, drückte zufällig die Taste und erhielt Futterbrocken. Man protokollierte die Zeit, bis die Ratte ihr Futter erhalten hatte und wiederholte anschließend mehrfach den Versuch.
Anschließend führte man eine zweite Versuchsreihe mit einem hungrigen Hamster durch und protokollierte auch hier die entsprechende Zeit.

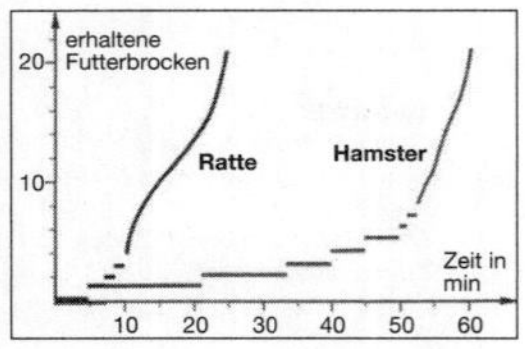

1. Erkläre das Lernverhalten der Ratte in der SKINNER-Box.

Die neugierige und hungrige Ratte besitzt eine hohe Handlungsbereitschaft. Sie drückt die Taste zufällig und wird durch das Futterkorn belohnt. Durch mehrfache Wiederholung der Handlung und anschließende Belohnung bildet sich eine bedingte Aktion aus. Die Ratte führt die Handlung immer wieder aus, sobald sie Hunger hat.

2. Deute die Ergebnisse der beiden Versuchsreihen.

Die Ratte erhält bereits nach kurzer Zeit eine relativ hohe Zahl an Futterbrocken. Beim Hamster dauert es erheblich länger bis er eine vergleichbare Anzahl bekommt. Beim Hamster nimmt die Ausbildung der bedingten Aktion offensichtlich erheblich mehr Zeit in Anspruch, er benötigt mehr Wiederholungen und lernt nicht so schnell wie die Ratte.

Lernvorgänge bei Schimpansen 53

A. Schimpansen hatten gelernt mit einem Schlüssel einen Behälter zu öffnen, in dem sich eine Banane befand. In einem ersten Versuch wurde der passende Schlüssel für den Futterbehälter in einen Kasten gegeben, in dem sich auch mehrere, nicht passende Schlüssel befanden. Man konnte beobachten, dass die meisten Schimpansen den richtigen Schlüssel bereits beim ersten Versuch herausnahmen und den Futterbehälter öffneten, um sodann die Banane zu verzehren.

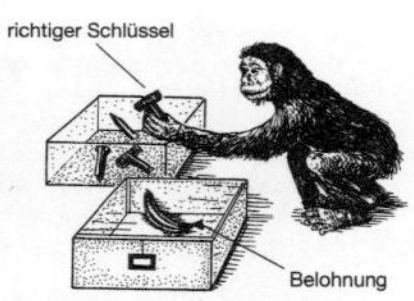

In einem weiteren Versuch wurde die Versuchsanordnung abgewandelt. Der passende Schlüssel zum Öffnen des Futterbehälters wurde in einen Kasten gegeben, der verschlossen war. Der Schlüssel zum Öffnen dieses Kastens wurde in einen weiteren Kasten gegeben. Daneben befand sich ein Kasten, der einen Schlüssel enthielt, mit dem man einen leeren Kasten aufschließen konnte. Man beobachtete, dass die meisten Schimpansen jeweils sofort den richtigen Schlüssel zum Öffnen des zweiten Kasten nahmen, diesen öffneten, um mit dem entsprechenden Schlüssel den Futterkasten zu öffnen.

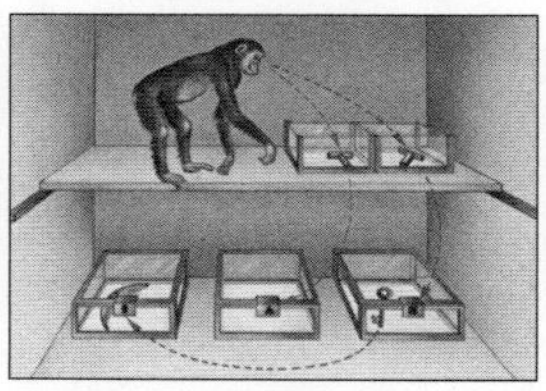

B. Ein Schimpanse hatte gelernt, Gegenstände, die außerhalb des Käfigs lagen und die mit den Händen nicht erreichbar waren, mit einem daran befestigten Seil bis in die direkte Reichweite heranzuziehen. Man stellte den Schimpansen vor folgendes Problem: Ein Korb Bananen stand vor dem Käfig. Durch einen Korbhenkel war ein Seil gezogen. Beide Enden des Seiles lagen weit auseinander. Der Schimpanse zog an einem Ende des Seiles. Dadurch wurde dieses aus dem Henkel herausgezogen. Anschließend wurde die ursprüngliche Versuchsanordnung wieder hergestellt. Der Schimpanse wiederholte die Handlung, wieder ohne Erfolg, bekam einen Wutanfall, zog aber dann nicht wieder an dem Seil. Der Affe setzte sich ruhig in eine Käfigecke vorn am Gitter und blickte sehr konzentriert und aufmerksam umher. Seine Blicke wanderten zu einem anderen Schimpansen, zu der er ein besonders freundschaftliches Verhältnis hatte. Gemeinsam lösten sie das Problem (siehe Abbildung).

1. Entscheide für jedes der Beispiele, ob die Schimpansen durch einsichtiges Handeln, bzw. durch Versuch und Irrtum oder durch Nachahmung die Verhaltensweisen erlernt haben.

In den Versuchen A führten die Schimpansen die Versuche einzeln durch. Eine Nachahmung scheidet daher aus. Ein Lernen durch Versuch und Irrtum kommt ebenfalls nicht in Betracht, da die verschiedenen Schlüssel nicht ausprobiert wurden. Vergleichbares gilt für den Versuch B. Auch hier fehlte die Möglichkeit des Nachahmens, da das Problem nur gemeinsam zu lösen war. Nur durch planmäßiges und einsichtiges Handeln wurde in beiden Fällen das Problem gelöst.

Lernvorgänge bei Menschen 54

Versuch 1
Lege aus Streichhölzern die Figur A. Durch Verlegung von 3 Streichhölzern soll eine Figur entstehen, die aus 4 gleichgroßen Quadraten besteht.

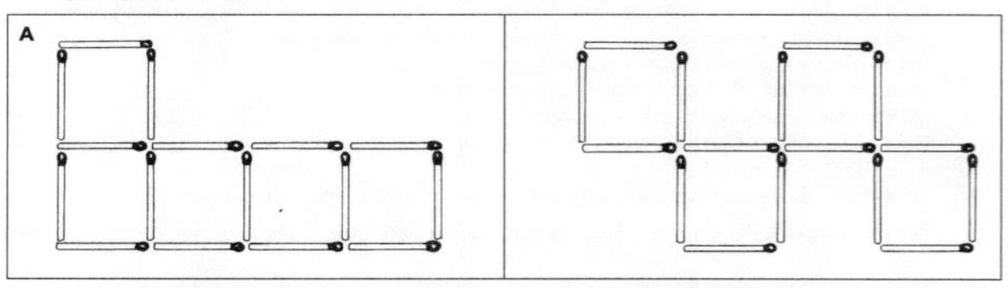

Versuch 2
Lege aus Streichhölzern die Figur B. Durch Verlegung von zwei Streichhölzern soll eine Figur entstehen, die aus 4 gleichgroßen Quadraten besteht.

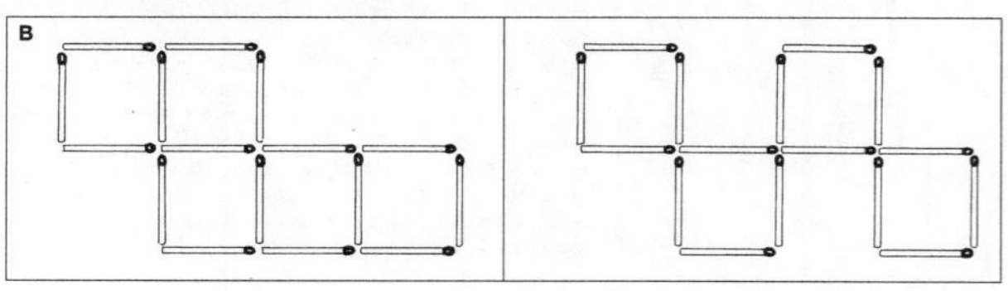

Versuch 3
Lege aus Streichhölzern die Figur C. Durch Verlegen von 3 Streichhölzern soll eine Figur entstehen, die aus 7 gleichgroßen Quadraten besteht.

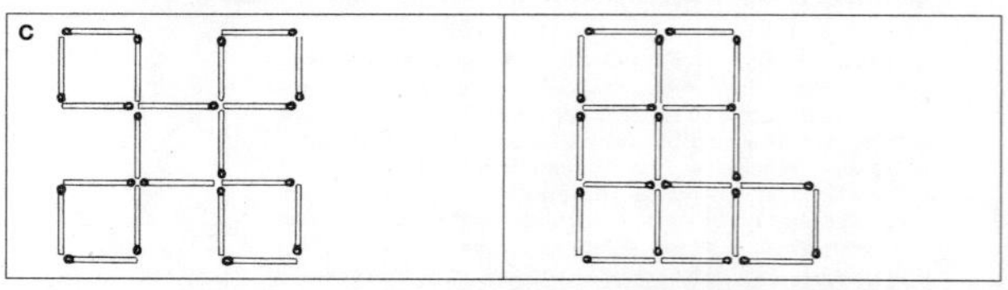

1. Beschreibe, wie die Lösung entstanden ist. **Es handelt sich um Lernen durch Einsicht. Es wurden verschiedene Lösungen geplant und gedanklich durchgespielt. Man spricht von verinnerlichtem „Versuch und Irrtum“. Viele probieren auch ohne Einsicht im Sinne von Versuch und Irrtum, um die Lösung zu finden.**

Labyrinthversuche mit Menschen (1) — 55

Materialien:
Augenbinde, Vorlage für das Labyrinth, Pappkarton, Klebstoff, Schere, Stoppuhr

Durchführung:

a) *Herstellung der Labyrinthe:* Zeichne entsprechend der Vorlage ein Labyrinth auf Pappkarton. Schneide die Gänge aus und klebe das Labyrinth auf einen zweiten Pappkarton.

b) *Labyrinthversuche:* Verbinde der Versuchsperson die Augen und führe die Kuppe des Zeigefingers der Schreibhand an den Startpunkt. Gib anschließend der Versuchsperson den Auftrag die Labyrinthgänge zügig bis zum Ausgang mit der Fingerkuppe entlang zu fahren. Führe den Versuch mit dem Probanden so oft durch, bis er den Weg durch das Labyrinth mehrmals hintereinander mit höchstens einem Fehler durchläuft. Als Fehler zählt jede in die falsche Richtung durchlaufene Entscheidungsstelle (ca. 1 cm in die falsche Richtung).

Miss für jeden Durchgang die Zeit, die der Proband braucht, um den Ausgang zu finden.
Trage die Werte in die untenstehende Tabelle ein. Fertige eine Strichliste für die Fehler an, die der Proband bei jedem Durchlaufen des Labyrinths macht. Trage die Anzahl der Fehler in die Tabelle ein.

Versuchs-Nummer	Fehlerzahl	Zeit in Sekunden

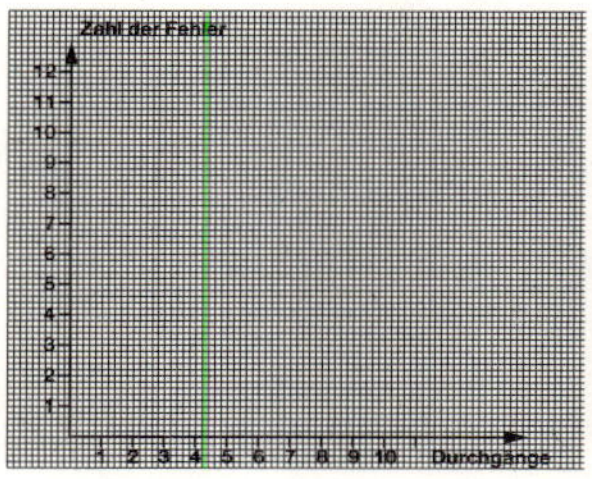

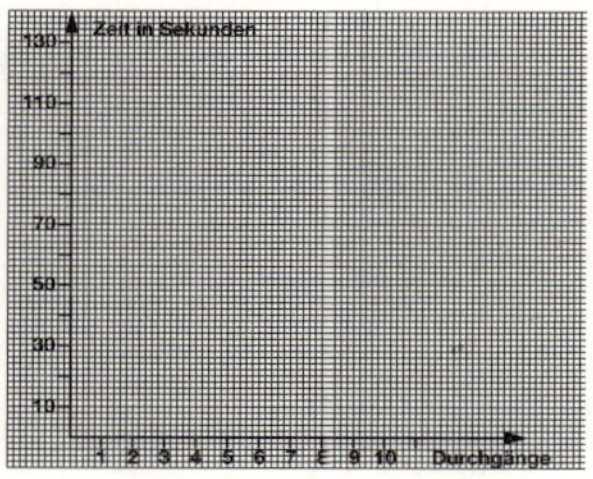

1. Stelle die Tabellenwerte grafisch dar und erstelle damit für jeden Probanden eine Lernkurve.

2. Erläutere, worauf der beobachtbare Lernvorgang beruht.

Das Lernen des richtigen Weges erfolgt auf der Basis von „Versuch und Irrtum". Mit der Zeit entsteht eine Art „geistige Karte" nach der man dann vorgeht.

Fossilien — 57

1. Beschreibe die Entstehung der versteinerten Saurierfährte.

A) **Das Tier muss auf weichem, feuchten Material, z. B. Ton gehen.**

B) **Das Material nimmt den Abdruck auf.**

C) **Die meisten solcher Abdrücke verschwinden wieder, z. B. durch Wassereinwirkung. Soll ein Abdruck erhalten bleiben, muss er zunächst mit anderen Materialien, z. B. Sand aufgefüllt werden.**

D) **Findet eine Versteinerung der Schichten statt, so bleiben sowohl der Eindruck in Ton als auch der Ausguss erhalten**

2. Das Alter von Fossilien kann mithilfe von Leitfossilien bestimmt werden. Hierbei handelt es sich um Fossilien, die gehäuft in bestimmten Gesteinsschichten auftreten und die typisch für die jeweiligen Zeitabschnitte sind. Bei Ausgrabungen wurden Fossilien zusammen mit zahlreichen versteinerten Trilobiten gefunden. Welche Rückschlüsse erlaubt dies?

Das Fossil ist wahrscheinlich zwischen 570 und 450 Millionen Jahre alt.

3. Welchen Nachteil hat diese Methode zur Altersbestimmung.

Die Altersangaben sind sehr ungenau, da sie sehr lange Zeitspannen umfassen. Durch Verwerfungen kann sich die Lage des untersuchten Fossils verändert haben, sodass die Altersangaben fehlerhaft werden.

Altersbestimmung mit der Radiocarbonmethode — 58

Unsere Atmosphäre enthält neben dem normalen Kohlenstoff auch radioaktiven Kohlenstoff. Nehmen Pflanzen bei der Fotosynthese Kohlenstoffdioxid auf, so gelangt dieser in die Pflanzen. Durch die Nahrungsaufnahme kommt der radioaktive Kohlenstoff dann auch in den tierischen und menschlichen Körper. Die radioaktiven Kohlenstoffatome sind jedoch nicht stabil, sie zerfallen und senden dabei Strahlung aus, die gemessen werden kann. Nach 5740 Jahren ist die Hälfte aller radioaktiven Kohlenstoffatome zerfallen. Man bezeichnet diesen Zeitraum daher als Halbwertszeit.
Stirbt ein Lebewesen, so beginnt die Kohlenstoffuhr zu „ticken": Der Zerfall des radioaktiven Kohlenstoffs geht weiter, neuer kommt jedoch nicht mehr hinzu.
In jedem Gramm kohlenstoffhaltiger Substanz eines Lebewesens zerfallen pro Minute durchschnittlich 15,3 radioaktive Kohlenstoffatome. Zerfallen bei einem Fossil nur noch 7,65 Atome pro Gramm Kohlenstoff und Minute, so sind seit dem Tod des Lebewesens 5740 Jahre vergangen. Man kann also durch Messung der Anzahl der Zerfallsprozesse das Alter eines Fossils bestimmen.

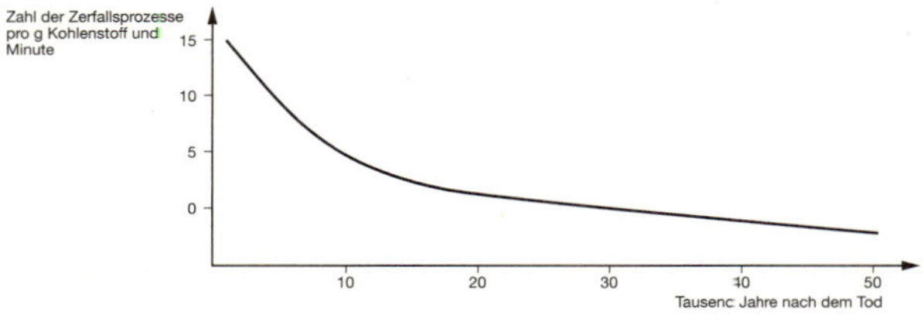

1. Bei archäologischen Grabungen wurden zwei Knochen gefunden. Bestimme das Alter der Knochen mithilfe des Grafen.

Knochen 1

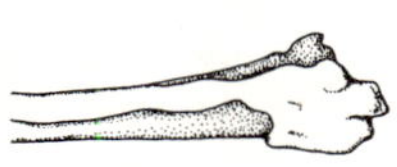

7,5 Zerfallsprozesse / g Kohlenstoff und Minute

Alter: **6500 Jahre**

Knochen 2

1,87 Zerfallsprozesse / g Kohlenstoff und Minute

Alter: **16500 Jahre**

2. Mit der Radiocarbonmethode können nur relativ junge Fossilien bis zu einem Alter von etwa 50 000 Jahren bestimmt werden. Begründe, warum.

Bei älteren Fossilien reicht die Strahlenmenge nicht mehr aus. Es werden dann radioaktive Elemente mit längerer Halbwertszeit genutzt.

Tiere und Pflanzen der verschiedenen Erdzeitalter — 59

1. Trage die Ziffern der verschiedenen Tiere und Pflanzen an passender Stelle ein.

Kambrium: 12 (Trilobit)
Ordovicium: 9 Kopffüßler (Belemnit)
Silur: 1 erste Landpflanzen, 5 Seestern
Devon: 14 Quastenflosser, 4 Urlurch (Ichthyostega)
Karbon: 2 Riesenlibelle, 6 Siegelbaum
Perm: 3 Kammsaurier (Dimetrodon)
Jura: 13 Archaeopteryx, 15 Tyrannosaurus
Kreide: 8 Flugsaurier, 10 Dreihornsaurier (Styracosaurus)
Tertiär: 11 Urpferdchen
Quartär: 7 Mammut

Archaeopteryx

A Archaeopteryx in Fundlage **B** Rekonstruktion

1. Ordne den Ziffern der Abbildung A die entsprechenden Begriffe zu.

1 = Kopf, 2 = Halswirbel, 3 = Schulterblatt, 4 = Oberarm, 5 = Rippenbogen, 6 = Elle, 7 = Speiche, 8 = Handwurzel, 9 = 1.Finger, 10 = 3. Finger, 11 = 2. Finger, 12 = Oberschenkel, 13 = Becken, 14 = Schienbein, 15 = Wadenbein, 16 = Fußwurzel, 17 = Mittelfuß, 18 = Zehen

2. Welche Bestandteile der Rekonstruktion entstammen der Fantasie des Zeichners?

Das Federkleid (Größe, Farbzeichnung), die Schnabelform, die Körperhaltung und Position auf einem Ast, die angedeutete Bereitschaft zum Flug.

3. Erläutere das folgende Zitat: „... Selbst die große Kluft zwischen Vögeln und Reptilien ist unerwartet teilweise überbrückt worden ... durch ... die ausgestorbene Archaeopteryx“ (CHARLES DARWIN: Über die Zwischenformen in der Natur [1872 bzw. 1859]).

Mit dem Urvogel Archaeopteryx liegt ein Brückentier vor, das Reptilienmerkmale (Reptilienschwanz, Zähne im Schnabel, Krallen an den Flügeln) und Vogelmerkmale (Federn, Flügel und einen Vogelkopf mit großen Augen) besitzt.

Verwandt oder nur ähnlich? (1)

A

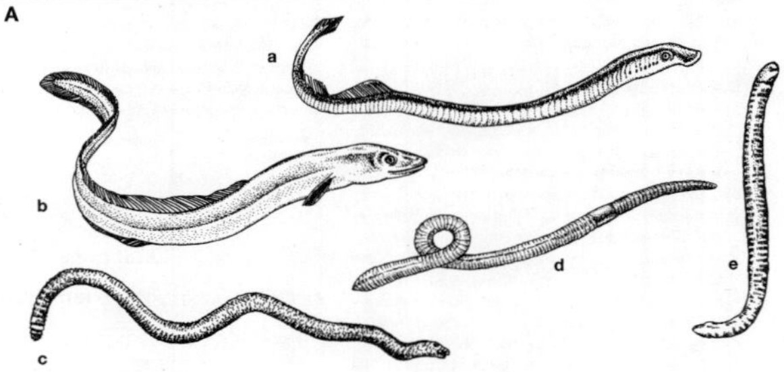

a Neunauge (Kieferlose), b Aal (Knochenfische), c Ringelechse (Schuppenechsen), d Regenwurm (Ringelwürmer), e Wurmschnecke (Weichtiere)

B

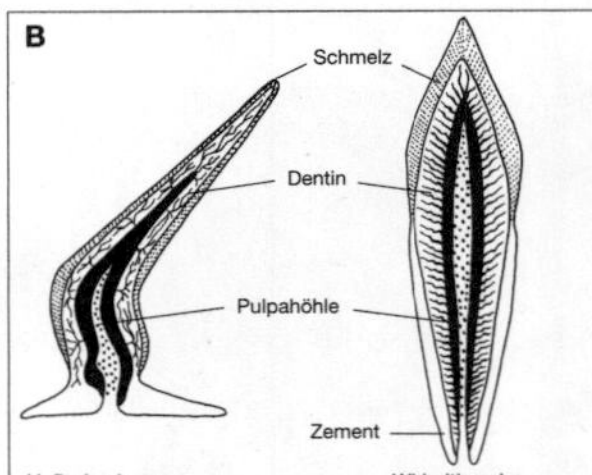

Hafischschuppe Wirbeltierzahn

C

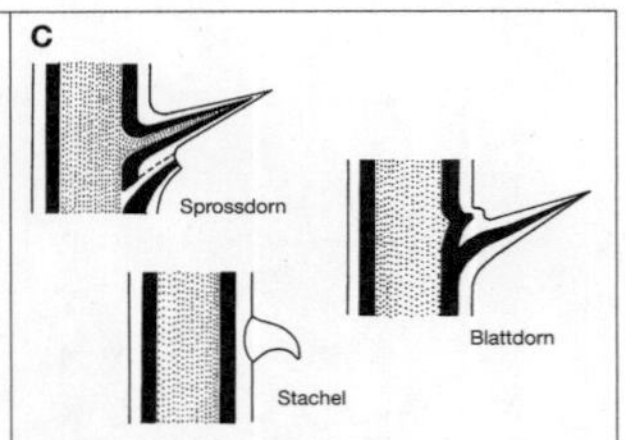

Sprossdorn (z. B. Schlehe), Blattdorn (z. B. Berberitze), Stachel (z. B. Rose)

1. Begründe für jedes der drei Beispiele getrennt, ob hier Homologie oder Analogie vorliegt.

Im Beispiel A liegt Analogie vor. Die Wurmgestalt ist Folge einer konvergente Entwicklung verschiedener Tiergruppen. Beispiel B zeigt eine Homologie. Der Aufbau der Haifischschuppe stimmt im Aufbau mit dem Wirbeltierzähne überein. Das Beispiel C zeigt eine Analogie. Die Blattdornen entsprechen Teilen der Laubblätter, die Sprossdornen ganzen Sprossteilen und die Stacheln entwickeln sich aus Teilen der Epidermis.

Verwandt oder nur ähnlich? (2)

Der charakteristische Laut des Wolfes ist das Heulen. Dazu hebt er den Kopf nach oben und legt die Ohren zurück. Mit nach vorne gezogenen Lippen und leicht geöffnetem Maul bringt er durch Ausblasen der Luft einen langgezogenen UUUU-Laut hervor. Eine derartige Heulstrophe hält bis zu 20 Sekunden an. Auch bei Kojoten zeigt sich dieses Heulen.

Wolf Kojote

Bei Vögeln findet man folgende Beschwichtigungsgeste: Sie wenden ihren Schnabel vom Artgenossen ab, indem sie ihn entweder senkrecht nach oben, unten oder zur Seite halten.

Kaptölpel Eilseeschwalbe Kohlmeise

1. Erkläre die oben beschriebenen Verhaltensähnlichkeiten aus evolutionsbiologischer Sicht.

In ihrer Körperhaltung beim Heulen stimmen der Wolf und der Kojote überein. Es ist zu vermuten, dass es sich um eine homologe Verhaltensweise handelt. Dafür spricht auch die Tatsache, dass beide zu den hundeartigen Raubtieren gezählt werden. Bei den Beschwichtigungsgesten der verschiedenen Vogelgruppen handelt es sich hingegen um analoge Verhaltensweisen, obwohl auch hier die Körperhaltungen übereinstimmen. Dieses Verhalten findet sich bei verschiedenen Vogelgruppen und ist als Folge einer Anpassung an ähnliche Umweltbedingungen zu deuten.

Bein gleich Bein?

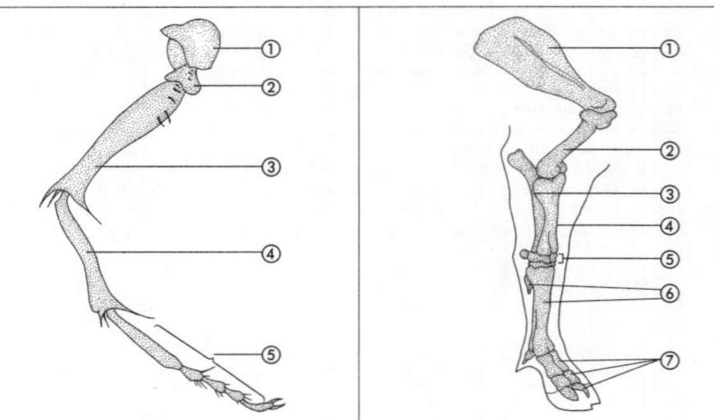

Abbildung A Abbildung B

1. Ordne den Ziffern der Abbildungen A und B die entsprechenden Fachbegriffe zu und gib an, von welchem Tier die Abbildung stammt.

Name	A: **Insektenbein, z.B. Laufkäfer**	B: **Wirbeltierbein, z.B. Schwein**
Nr.	1 **Hüfte**	1 **Schulterblatt**
	2 **Schenkelring**	2 **Oberarmknochen**
	3 **Oberschenkel**	3 **Elle**
	4 **Unterschenkel**	4 **Speiche**
	5 **Fuß**	5 **Handwurzelknochen**
		6 **Mittelhandknochen**
		7 **Zehenknochen**

2. Nimm Stellung zu der Frage: „Bein gleich Bein?“

Beide Beintypen haben die gleiche Funktion, sie dienen der Fortbewegung. In ihrem Aufbau unterscheiden sie sich jedoch grundlegend: Das Insektenbein erhält seine Festigkeit durch ein Exoskelett, die Muskeln liegen innen. Das Wirbeltier liegt ein Endoskelett mit Außenmuskeln vor. Beide Beintypen sind wegen ihres sehr unterschiedlichen Bauplans als analoge Strukturen zu bezeichnen.

Die Entwicklung der Scholle — 64

Die zu den Plattfischen gehörende Scholle ist ein seitlich stark abgeflachter Bodenfisch. Die Seite, mit der das Tier auf dem Boden liegt, ist augenlos, die Kiemenöffnung ist zurückgebildet. Mund und beide Augen befinden sich auf der nach oben gerichteten Seite.
Bei der frisch aus dem Ei geschlüpften Larve sieht das ganz anders aus: Sie ist aufgebaut wie ein normaler Fisch. Innerhalb von kaum sechs Wochen ist die folgende Entwicklung zu beobachten:

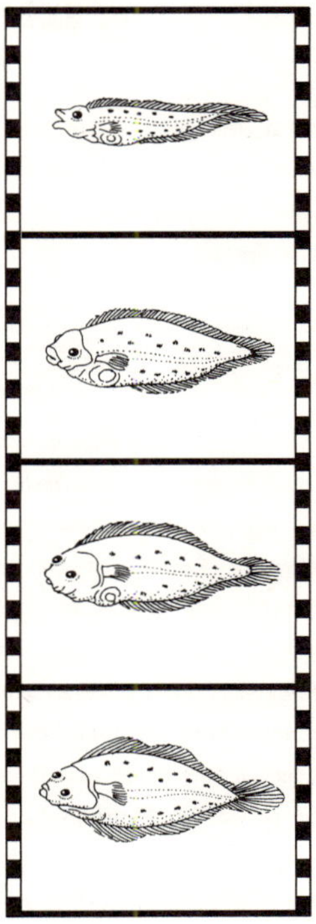

1. Beschreibe die dargestellte Entwicklung.

Innerhalb von sechs Wochen wird aus der normal gebauten Fischlarve mit zweiseitig-symmetrischem Bau ein Fisch, der auf der einen Körperseite beide Augen und den Mund hat. Dabei findet eine allmähliche Verlagerung der Organe statt.

2. Leite aus der dargestellten Entwicklung Aussagen zur Abstammung der Plattfische ab.

Da die Plattfische im Larvenstadium eine zweiseitige Symmetrie aufweisen, die sich dann im Verlauf der Embryonalentwicklung in eine asymmetrische Form wandelt, müssen sie offensichtlich Vorfahren mit zweiseitiger Symmetrie besitzen.

Gemeinsame Merkmale – gemeinsame Vorfahren? — 65

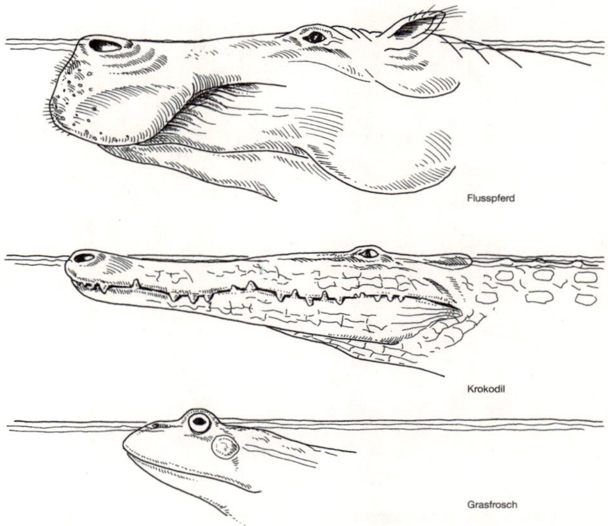

1. Ordne die drei Tiere je einer Tiergruppe zu und beschreibe die gemeinsamen Merkmale.

Flusspferd (Säugetier), Krokodil (Reptil) und Grasfrosch (Amphibium) besitzen die Fähigkeit, den Kopf dicht unter der Wasseroberfläche zu halten, so dass dabei die Nasenöffnungen in den Luftraum münden und die Augen in Höhe der Wasseroberfläche stehen.

2. Wie ist das Zustandekommen der Übereinstimmungen zu erklären?

Es handelt sich um Konvergenz. Die beschriebene Kopfhaltung hat sich bei den drei verschiedenen Wirbeltiergruppen unabhängig voneinander entwickelt.

Rudimentäre Organe beim Menschen — 66

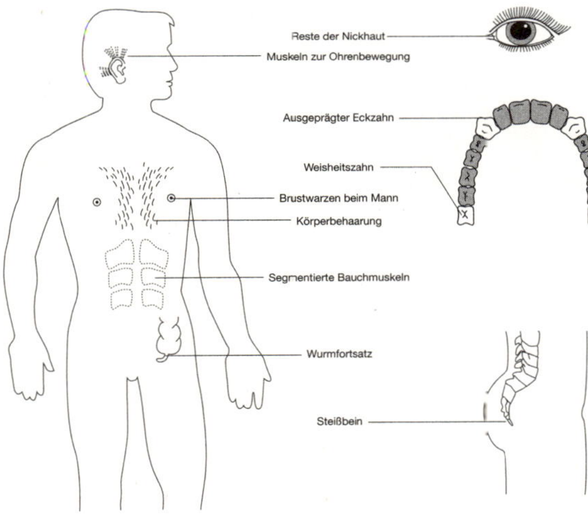

1. Der Blinddarm (Wurmfortsatz) ist bei manchen Säugetieren wie dem Kaninchen lang und gut ausgeprägt. Beim Menschen hingegen ist er stark zurückgebildet. Erkläre am Beispiel des Blinddarms den Begriff rudimentäres Organ.

Rudimentäre Organe sind zurückgebildete Organe, die ihre ursprüngliche Funktion (hier: bakterieller Aufschluss der Cellulose) nicht mehr erfüllen.

2. Welche Rückschlüsse erlauben die verschiedenen rudimentären Organe über die Evolution des Menschen?

Bei weit entfernten stammesgeschichtlichen Vorfahren fanden sich einige dieser einst funktionsfähigen Organe: eine Nickhaut (heute bei Reptilien und Vögeln), bewegliche Ohren, ausgeprägte Reißzähne und ein Gebiss mit 32 Zähnen, eine Ganzkörperbehaarung, Milchdrüsen, einen Schwanz und eine segmentierte Bauchmuskulatur (wie bei Reptilien).

Atavismus – oder woher stammen diese Merkmale? — 67

A: Abbildung des vierzehigen Vorderfußes des Urpferdes

B: Fuß eines heutigen Pferdes mit nur einer ausgebildeten Zehe

C: Vorderfuß eines Hauspferdes, der an Stelle des Griffelbeines eine entwickelte Zehe mit einem kleinen Huf trägt.

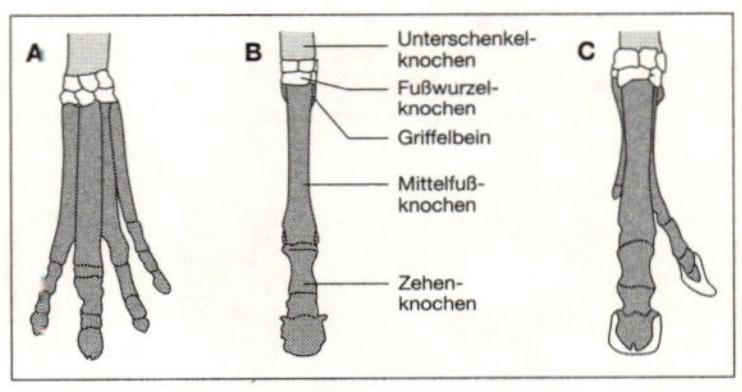

1. Erkläre die Bildung der zusätzlichen Zehe in Abbildung C aus evolutionsbiologischer Sicht.

Die im Laufe der Evolution zurückgebildete Anlage zur Bildung weiterer Zehen ist durch eine Mutation reaktiviert worden. Einen derartigen „Rückfall“ bezeichnet man als Atavismus.

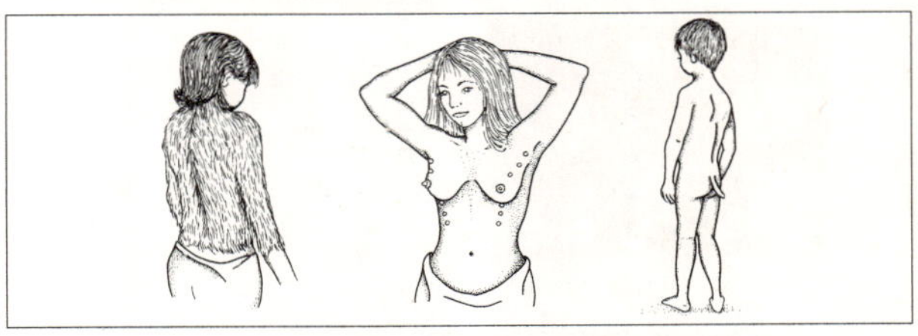

2. Beschreibe die auffälligen Merkmalsausbildungen in der obigen Abbildung.

Die Körperbehaarung ist fellartig ausgebildet, wie bei einem typischen Säuger. Neben den voll entwickelten Brüsten findet man jeweils auf einer Linie („Leiste“) zusätzliche Brustwarzen. Der Junge hat einen Schwanz.

3. Nimm zu dem beschriebenen Sachverhalt aus evolutionsbiologischer Sicht Stellung.

Es handelt sich um Atavismen, d. h. Merkmale von Vorfahren des Menschen. Sie treten nur bei einigen wenigen Individuen auf und sind ein weiterer Beleg dafür, dass der Mensch eine Abstammungsgeschichte hat.

LAMARCK und DARWIN im Vergleich

1. Beschreibe, wie LAMARCK die Veränderungen erklärt.

Die Urgiraffen hatten wahrscheinlich kurze Hälse und Vorderbeine. Die Tiere versuchten, das Laub der Bäume zu erreichen. Die Nachkommen hatten schon längere Hälse und Vorderbeine. Auch diese Tiere streckten sich nach dem Laub der Bäume. Schließlich führte das Gewohnheit gewordene Strecken des Halses und der Vorderbeine zum Körperbau der heute lebenden Giraffen.

2. Beschreibe die Veränderungen nach DARWIN.

Die Urgiraffen hatten wahrscheinlich verschieden lange Hälse und Vorderbeine. Konkurrenz im Nahrungserwerb und natürliche Selektion führten zum Überleben der Nachkommen mit den längere Beinen auf Kosten derjenigen mit den kürzeren Hälsen und Vorderbeinen. Schließlich überlebten nur Giraffen, die genügend lange Hälse und Vorderbeine besaßen.

Mutation und Selektion

Birkenspanner sind Schmetterlinge, die auf Birkenstämmen ruhen. Dort sind sie gut getarnt und vor ihren Fressfeinden, insektenfressenden Vögeln, geschützt. In Reinluftgebieten findet man vorwiegend die helle Variante, in der Nähe von Industriegebieten die dunkle Form.

1. Erkläre die Entstehung der dunklen Form des Birkenspanners in Industriegebieten.

Infolge von Mutationen bildete sich die dunkle Flügelvariante sowohl in Reinluft – wie auch in Industriegebieten. Aber nur in Industriegebieten ist die dunkle Variante von Vorteil: Auf den rußgeschwärzten Birkenrinden sind sie besser getarnt und vor ihren Fressfeinden eher geschützt als die hellen Varianten.

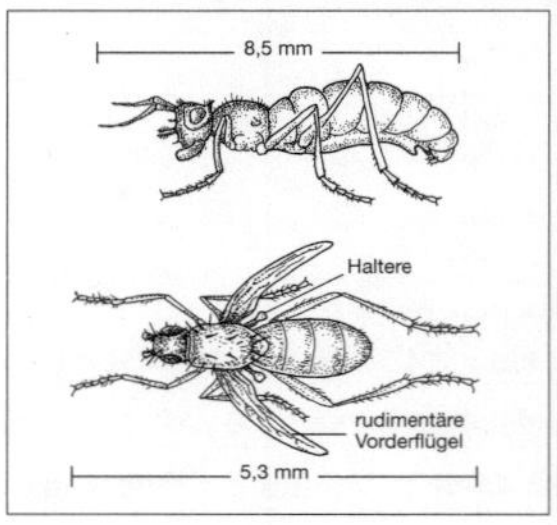

Auf den Kerguelen-Inseln findet man flugunfähige Fliegen. Die Kerguelen-Inseln sind eine Inselgruppe im südlichen Indischen Ozean nahe der Antarktis. Dort herrscht ein raues, sehr sturm- und nebelreiches Klima.

2. Erkläre die Entstehung flugunfähiger Fliegen auf den Kerguelen-Inseln.

Auf den Kerguelen-Inseln führten Mutationen dazu, dass neben normalflügeligen Fliegen auch solche mit schwach oder ganz verkümmerten Flügeln entstanden. Durch die auf den Inseln herrschenden Winde wurden offenbar viele Insekten ins Meer hinausgetragen. Diese Selektion führte dazu, dass vorwiegend die flügellosen Insekten auf den Kerguelen-Inseln überlebten und sich fortpflanzen.

Experimente in der Evolution?

Experiment A:
500 helle und 500 dunkle Birkenspanner wurden mit kleinen Kunststoff-Punkten an den Flügeln markiert. Anschließend wurden sie in einem unverschmutzten Wald, indem viele Baumstämme mit hellen Flechten bedeckt waren, ausgesetzt. Nachts wurden die Falter dann mit Lampen angelockt, eingefangen und ausgezählt:

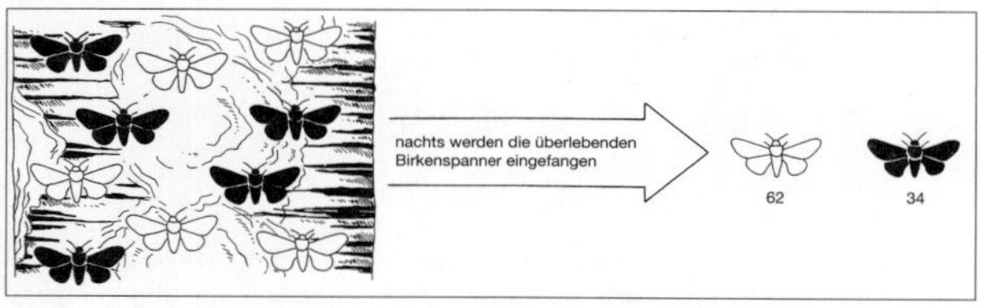

Experiment B:
Das obige Experiment wurde wiederholt, nur dass die Falter diesmal in einem verschmutzen Wald ohne Flechten ausgesetzt wurden:

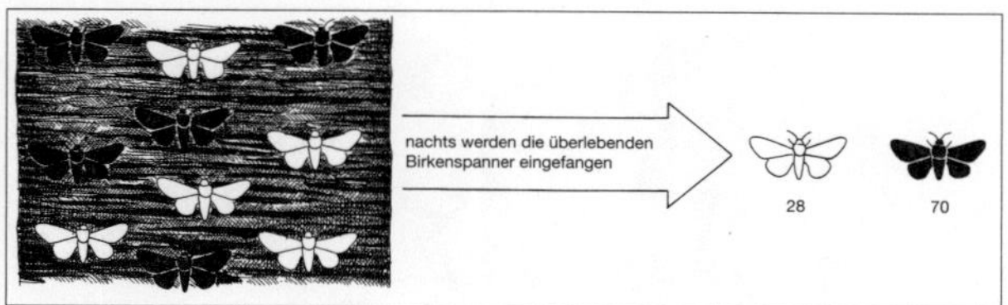

1. Welche Fragestellung liegt den Experimenten zugrunde?

Hängt die Häufigkeit heller bzw. dunkler Birkenspanner davon ab, ob sie sich bevorzugt auf hellen oder auf grau-dunklen Birkenstämmen aufhalten?

2. Fasse die Ergebnisse der Experimente zusammen. Welche Folgerung lässt sich aus den Ergebnissen ableiten?

Auf hellen Birkenstämmen im unverschmutzten Wald überleben doppelt so viele helle wie dunkle Birkenspanner. Im verschmutzen Wald ist es genau umgekehrt. Die Häufigkeit des Merkmals Flügelfarbe hängt also u. a. davon ab, welchen Überlebensvorteil diese Merkmale ihren Trägern bringen.

Artbildung bei den Eichhörnchen

Zwei verschiedene Eichhörnchenarten derselben Gattung bewohnen die einander gegenüberliegenden Ränder des Grand Canyon (USA). Die eine lebt am Südrand und ist etwas kleiner als die nur wenige Kilometer am Nordrand lebende Art.

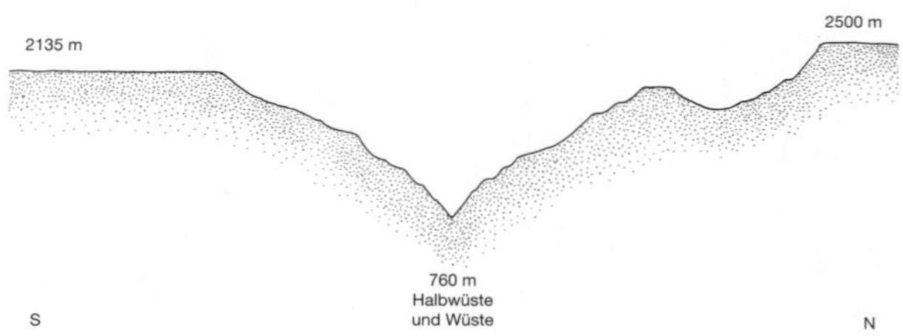

1. Wie lässt sich die Aufspaltung der Eichhörnchen in die beiden Arten erklären?

Eine früher zusammenlebende Gruppe von Eichhörnchen wurde durch die Talbildung des Colorado-Rivers voneinander getrennt (geografische Isolation). In den getrennten Gebieten traten in beiden Gruppen unterschiedliche Mutationen auf. Es herrschten geringfügig unterschiedliche Selektionsbedingungen. Die Gruppen veränderten sich so stark, dass sie sich heute nicht mehr untereinander fortpflanzen können und damit zwei neue Arten bilden.

2. Vögel, die ebenfalls auf den beiden verschiedenen Rändern des Grand Canyon leben, haben sich nicht in unterschiedliche Arten aufgespalten. Erkläre, warum.

Die Vögel können die natürliche Barriere des Grand Canyons mühelos überwinden, sie sind folglich nicht geografisch isoliert und können sich untereinander fortpflanzen.

Neuwelt- und Altweltaffen

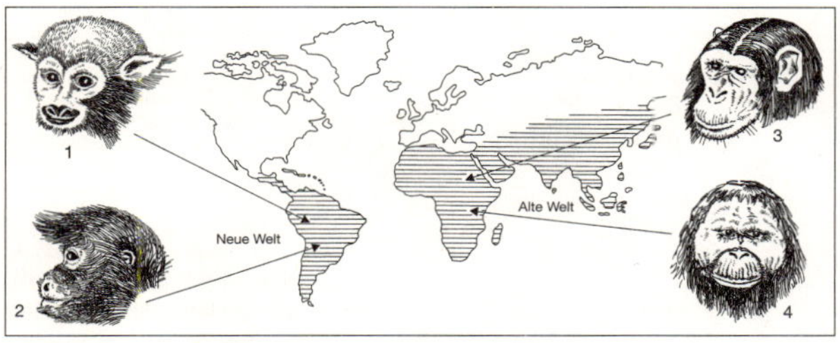

Neuweltaffen findet man in Mittel- und Südamerika. Sie unterscheiden sich in vielen Merkmalen so sehr von den Altweltaffen Afrikas und Asiens, dass man lange Zeit annahm, sie hätten sich aus völlig getrennten Zweigen von Halbaffen entwickelt. Tatsächlich weiß man heute aber, dass sie von einer einzigen Gruppe von Halbaffen abstammen.

1. Benenne die abgebildeten Affen.

1 = **Totenkopfäffchen** 2 = **Klammeraffe**

3 = **Schimpanse** 4 = **Orang Utan**

2. Beschreibe die Veränderung der Kontinente im Verlauf der letzten 180 Millionen Jahre.

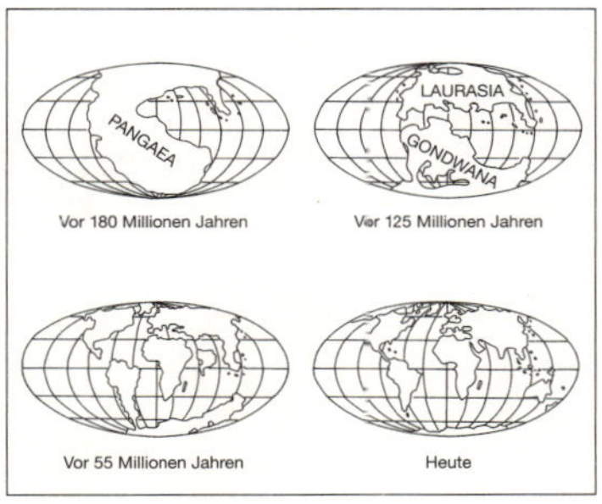

Ausgehend von einer zusammenhängenden Landmasse (Pangaea) fand vor 125 Millionen Jahren die Trennung einer nördlichen Landmasse (Laurasia) vom südlichen Gondwana statt. Später bildeten sich dann die Kontinente wie (Süd-)Amerika, Afrika und Asien.

3. Erkläre die Entstehung der Neuwelt- und Altweltaffen aus evolutionsbiologischer Sicht.

Die Stammform der Halbaffen wurde durch die Kontinentalverschiebung in zwei Gruppen getrennt. Nach dieser Isolation bildeten sich durch Mutation und Selektion in den getrennten Gebieten die heutigen Neuwelt- und Altweltaffen.

Evolution des Weizens

Der heutige Saatweizen entstand durch die Vereinigung verschiedener Chromosomensätze und durch anschließende Mutationen. Einige Schritte dieser Evolution des Saatweizens ließen sich experimentell wiederholen:
Wildemmer wurde mit Ziegenweizen gekreuzt. Der entstehende Artbastard ist nicht fruchtbar. Anschließend wurde Colchicin hinzugegeben (Colchicin ist ein Gift, das die Ausbildung der Spindelfasern während der Mitose verhindert). Dabei entstand fruchtbarer Saatweizen.

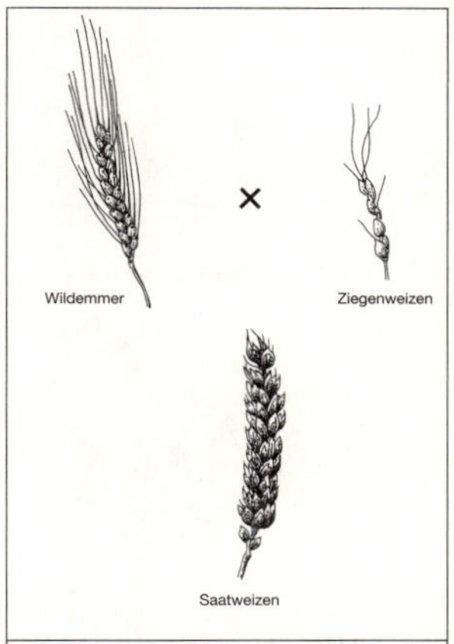

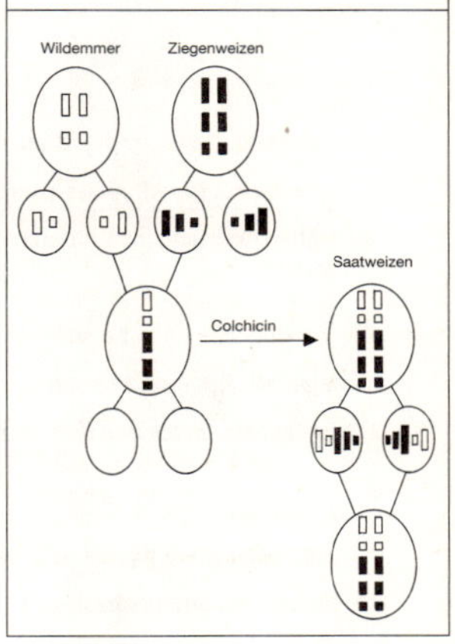

1. Beschreibe anhand des untenstehenden Schemas die Auswirkungen der Colchicin-Behandlung.

Da Colchicin die Ausbildung der Spindelfasern verhindert, unterbleibt auch die Trennung der Chromosomen während der Mitose. Die Folge ist eine Verdopplung des Erbgut des Artbastards.

2. Warum ist der Artbastard aus Wildemmer und Ziegenweizen unfruchtbar, nicht aber der Saatweizen?

Der Artbastard enthält den haploiden Chromosomensatz vom Wildemmer und Ziegenweizen. Dies führt zu Problemen während der Meiose, da das jeweilige homologe Chromosom fehlt und somit keine Keimzellen gebildet werden können. Nach der Verdopplung des Chromosomensatzes durch Colchicin kann eine normale Meiose stattfinden, der Saatweizen ist folglich fruchtbar.

3. Welche Vorteile besitzen Pflanzen, die wie der Saatweizen, das Erbgut mehrerer Arten in sich tragen?

Sie können auf unterschiedliche Umweltbedingungen häufig besser reagieren, da sie mehr verschiedenartiges Erbgut in sich vereinen und eine gesteigerte Möglichkeit zur Mischerbigkeit aufweisen. Man findet sie daher u. a. häufig an extremen Standorten.

Vom Frosch zum Apollo

Aus dem Ende des 18. Jahrhundert stammt die nachfolgende Radierung mit der Bezeichnung „Stufenfolge von dem Frosch bis zum Apollo-Profile."
Apollo war ein griechischer Gott, der als Inbegriff der Vollkommenheit galt.

1. Erläutere die Grundidee, die hinter der Abbildung steht.

In dieser Abfolge kommt zum Ausdruck, dass sich die Lebewesen im Verlaufe der Geschichte allmählich verändert haben (= Evolution). Dabei wird der Mensch in eine Reihe von Lebewesen gestellt, ausgehend von froschähnlichen über reptilienähnlichen Lebewesen bis hin zu Apollo. Die besondere Stellung des Menschen wird durch seine Nähe zur griechischen Gottheit verdeutlicht. Letztlich wird also behauptet, dass der Mensch tierische Vorfahren habe (eine für die damalige Zeit revolutionäre Vorstellung).

Der aufrechte Gang

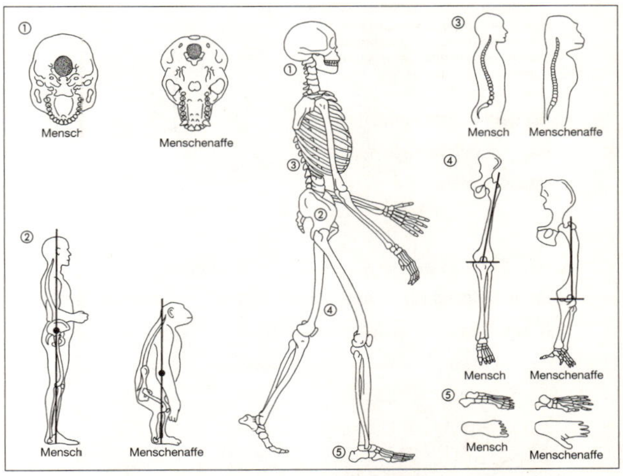

1. Beschreibe die wesentliche anatomischen Unterschiede zwischen Mensch und Menschenaffe (1→5). Erkläre dabei jeweils, warum dieses Merkmal als Anpassung an den aufrechten Gang zu verstehen ist.

Das Hinterhauptsloch ①, die Verbindung zwischen Wirbelsäule und Schädel, liegt beim Menschen etwa in der Mitte der Schädelbasis. Er balanciert dadurch den Schädel auf der senkrecht stehenden Wirbelsäule, die den Kopf direkt unterhalb des Schwerpunkts stützt. Eine starke Nackenmuskulatur wie beim Affen, die ein Vorwärtskippen des Kopfes verhindert, wird dadurch überflüssig. Beim Menschen liegt der Körperschwerpunkt ② im Beckenbereich. Beim Gehen verlagert er sich daher nur wenig, sodass wenig Energieaufwand nötig ist, um das Gleichgewicht zu halten. Die Wirbelsäule des Menschen ③ ist doppelt S-förmig gekrümmt. Dadurch werden die Stöße beim aufrechten Gang abgefangen. Der Oberschenkel ④ ist beim Menschen nach innen gewinkelt, der Affe hat O-Beine. Dadurch befinden sich die Füße beim Menschen in einer Linie mit dem Körperschwerpunkt. Die menschlichen Füße ⑤ sind als Standfüße ausgelegt. Die Großzehe kann dadurch nicht mehr – wie bei den Greiffüßen des Affen – jeder Zehe gegenübergestellt werden.

Der Mensch – ein Handwerker 76

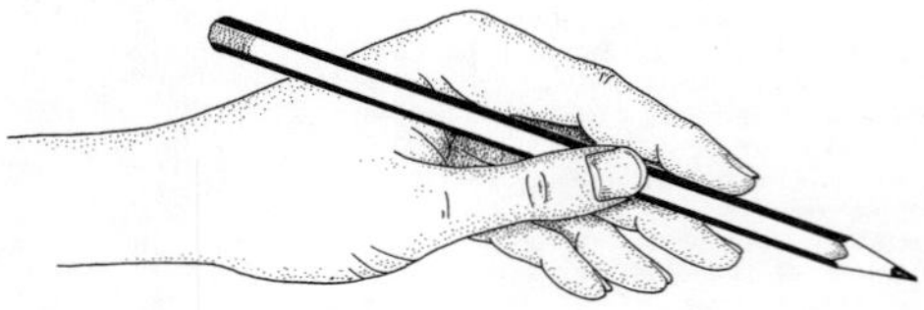

A. Geschickte Handhabung eines Bleistiftes

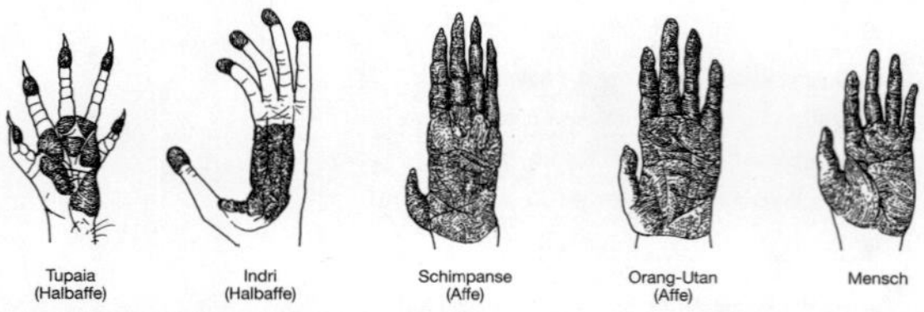

B. Hände verschiedener Primaten. Bei den dunkel gehaltenen Flächen handelt es sich um Hautpolster, die besonders gut mit Sinnes- und Nervenzellen ausgestattet sind.

1. Vergleiche die verschiedenen Primatenhände. Achte dabei besonders auf die Hautflächen und den Daumen.

Von den Halbaffen über die Affen hin zum Menschen nimmt die Fläche der sensiblen Hautpolster zu. Die Affen besitzen relativ lange Finger, aber nur kurze Daumen. Beim Menschen hingegen ist der Daumen relativ lang.

2. Stelle die Besonderheiten der menschlichen Hand heraus.

Die menschliche Hand besitzt einen stark ausgebildeten, in mehrere Richtungen beweglichen Daumen. Er kann allen anderen Fingern gegenübergestellt werden. Das ermöglicht ein festes und differenziertes Zugreifen und Festhalten.

3. Versuche mit der Griffhaltung eines Schimpansen eine Zeichnung anzufertigen und berichte über deinen Zeichenerfolg.

Ein Schimpanse würde den Stift mit allen vier Fingern umfassen, wie man es auch bei kleinen Kindern beobachten kann. Das Zeichenergebnis ist deutlich schlechter.

Rekonstruktion von LUCY 77

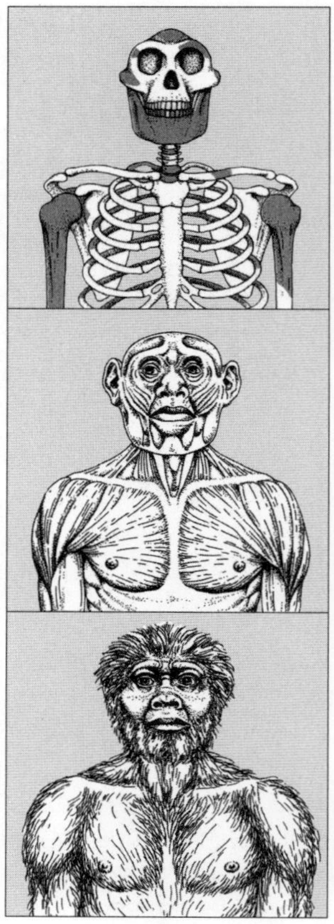

Im Jahre 1974 wurden in Äthiopien die Knochenreste eines jungen Mädchens gefunden. Die Datierung ergab, das es sich um ein 3,5 bis 4 Millionen Jahre altes Fossil handelt. Offiziell heißt der Fund Australopithecus afarensis. Vom Entdecker wurde das Mädchen jedoch LUCY genannt.
Die Rekonstruktion ging lediglich von Knochenresten aus, die in der ersten Abbildung dunkel gezeichnet sind.

1. Beschreibe die verschiedenen Schritte einer Lebendrekonstruktion.

Zunächst wird aus den gefundenen Knochen ein Gesamtskelett erstellt. Es folgt die Nachbildung der Muskulatur und der Weichteile. Den Abschluss bildet die Rekonstruktion von Haut und Haaren.

2. Gegen Lebendrekonstruktionen wird häufig eingewandt, dass sie im wesentlichen die Fantasie der Wissenschaftler widerspiegeln. Welche Schritte der LUCY-Rekonstruktion sind besonders problematisch?

Besonders kritisch sind die beiden letzten Rekonstruktionsschritte. Da weder Muskulatur, Weichteile, noch Haut und Haare erhalten blieben, fließt hier besonders viel Fantasie in die Rekonstruktion ein. Es kann lediglich auf Erfahrungswerte und Mutmaßungen zurückgegriffen werden, die man etwa bei der Rekonstruktion von Verbrechensopfern in der Kriminalistik gesammelt hat.

3. Welche Gründe sprechen trotz dieser Einwände für eine Lebendrekonstruktion?

Derartige Lebendrekonstruktionen sind naturgemäß wesentlich anschaulicher als Skelettrekonstruktionen, wie sie in Lehrbüchern zu finden sind.

Schädel-Puzzle 78

1. Schneide das Schädelpuzzle aus, klebe es zusammen. Ergänze die fehlenden Teile zeichnerisch. Bestimme anschließend mithilfe der Schädelreihe, um welchen Menschentyp es sich handelt.

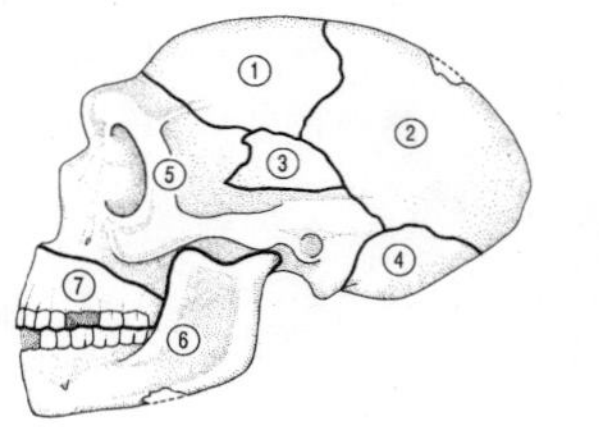

Bei dem Puzzle handelt es sich um den Schädel eines Neandertalers

2. Bringe die Schädelreihe in die richtige chronologische Reihenfolge:

Ramapithecus (D) → Australopithecus (A) → Homo erectus (A) → Neandertaler (E) → Jetztmensch (B)

3. Ordne die Lebensbilder durch Pfeile einem Schädeltyp zu.

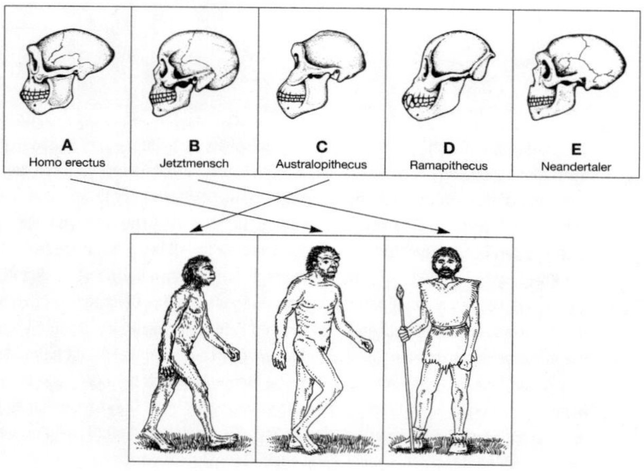

Wie sah der Neandertaler aus? 79

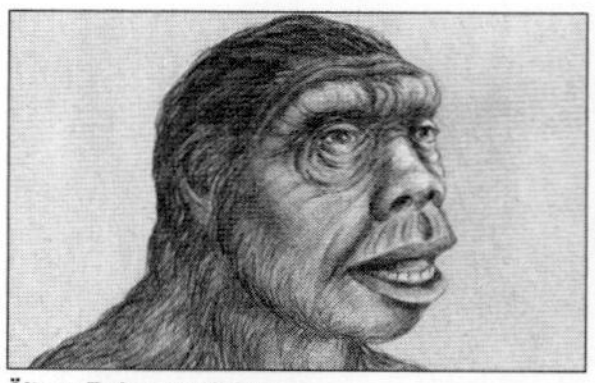

Ältere Rekonstruktion

Neuere Rekonstruktion

Die Ansichten über Aussehen und Lebensweise des Neandertalers haben sich im Laufe der Zeit stark verändert. Noch 1886 meinten die Fachleute: „das scheusalige Erscheinungsbild dieses muskulösen, aber plumpen Körpers und des Schädels mit seinem mächtigen Unterkiefer ... enthüllt die Vorherrschaft einer ... tierischen Wesensart über die geistigen Funktionen." Gleichzeitig entstanden Rekonstruktionen des Neandertalers in leicht gebückter Haltung.

Neuere Rekonstruktionen zeigen den Neandertaler jedoch in aufrechter Haltung. Der Neandertaler verfügte über eine relativ weit entwickelte Kultur. So nahm er kultische Handlungen vor, bestattete seine Toten und war in der Lage unterschiedliches Steinwerkzeug herzustellen. Im Jahre 1957 konnte man daher lesen: „wenn uns in der U-Bahn ein Neandertaler begegnete, würde er kaum Aufsehen erregen – vorausgesetzt er wäre gewaschen, rasiert und hätte moderne Kleider an".

1. Beschreibe, wie sich die verschiedenen Anschauungen zum Neandertaler in den Rekonstruktionen niederschlagen.

Die älter Rekonstruktion zeigt den Neandertaler noch mit typischen Affenmerkmalen wie Schnauzbildung, starken Überaugenwülsten und einer Ganzkörperbehaarung. Die neuere Rekonstruktion unterstreicht die menschlichen Züge, der Neandertaler erhält nun eine „Frisur" und einen „gepflegten" Vollbart.

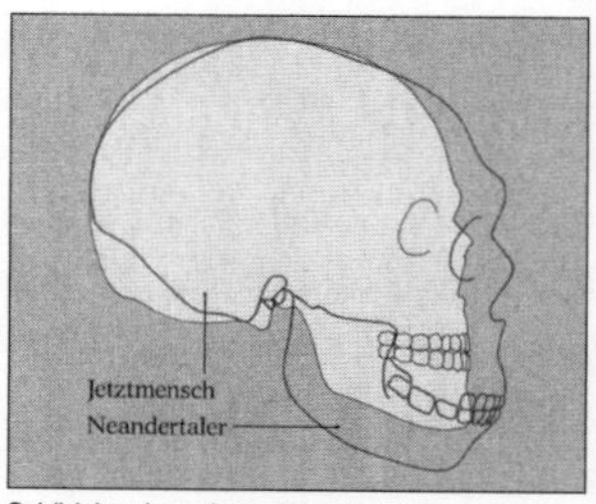

Schädelumriss eines Neandertalers und eines Jetztmenschen

2. Vergleiche den Schädelumriss des Neandertalers mit dem des Jetztmenschen.

Der Neandertaler besitzt im Vergleich zum Menschen eine fliehende Stirn, ein fliehendes Kinn und einen größeren Kiefer. Der Gesichtsschädel ist im Verhältnis zum Hirnschädel größer als beim Menschen.

Ein Rätsel zur Evolution

① NEANDERTALER
② KARBON
③ TRIAS
④ MUTATIONEN
⑤ ABDRUECKE
⑥ PERM
⑦ MENSCH
⑧ RUDIMENT
⑨ FOSSILIEN
⑩ ANALOG
⑪ ISOLATION
⑫ KULTURELLEEVOLUTION
⑬ HOMOERECTUS
⑭ ARCHAEOPTERYX
⑮ DARWIN
⑯ AUSTRALOPITHECUS

Das Lösungswort lautet: **Abstammungslehre**

Zellen, Vererbung, Verhalten, Evolution

Lösungsheft

Bearbeitet von:
Annegret Dorn
Marlies Jentsch
Dr. Harald Kähler
Dr. Eckhard Philipp
Eckhard Pohl
Michael Walory

Unter Mitwirkung der Verlagsredaktion

Illustrationen
Brigitte Karnath-Eidner
Liselotte Lüddecke
Karin Mall
Susanne Thater

ISBN 3-507-**76854**-2

Druck A 5 4 3 2 1 / Jahr 2006 2005 2004 2003 2002

Alle Drucke der Serie A sind im Unterricht parallel verwendbar, da bis auf die Behebung von Druckfehlern unverändert. Die letzte Zahl bezeichnet das Jahr dieses Druckes.

Satz: O&S Satz GmbH, Hildesheim
Druck und Verarbeitung: Oeding Druck GmbH, Braunschweig

Inhaltsverzeichnis

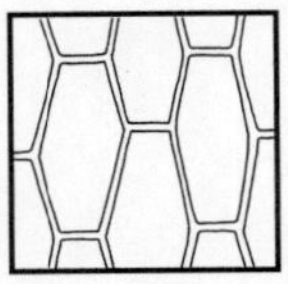

Cytologie

Das Lichtmikroskop 5
Das Auflösungsvermögen 6
Wachstum einer pflanzlichen Zelle 7
EM-Bild einer pflanzlichen Zelle 8
EM-Bild einer tierischen Zelle 9
Bau der Amöbe 10
Pantoffeltierchen 11
Verdauung beim Pantoffeltierchen 12
Teilung beim Pantoffeltierchen 13
Augentierchen (1) 14
Augentierchen (2) 15
Nahrungsbeziehungen im Heuaufguss 16

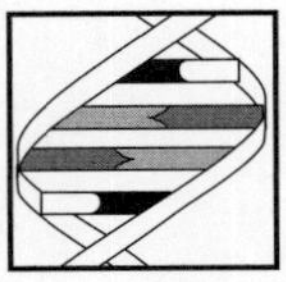

Vererbung

MENDELs Versuchsobjekt, die Gartenerbse 17
MENDELs Versuche und Ergebnisse (1) 18
MENDELs Versuche und Ergebnisse (2) 19
Dominant-rezessiver Erbgang mit einem Merkmalspaar 20
Dominant-rezessiver Erbgang mit zwei Merkmalspaaren 21
Intermediärer Erbgang bei der Nelke 22
Rückkreuzungen 23
Erbgang mit zwei Merkmalspaaren beim Löwenmäulchen 24
Erstellen und Auswerten von Karyogrammen (1) 25
Erstellen und Auswerten von Karyogrammen (2) 26
Erstellen und Auswerten von Karyogrammen (3) 27
Mitose und Zellteilung 28
Meiose 29
Kopplung von Erbanlagen 30
Entkopplung von Erbanlagen (1) 31
Entkopplung von Erbanlagen (2) 32
Der Feinbau der Chromosomen 33
Von der Erbinformation zum Protein 34
Roller und Nichtroller 35
Die Vererbung der totalen Farbenblindheit 36
Der Erbgang der Blutgruppen 37

Mutation oder Modifikation? 38
Erbe und Umwelt 39
Intelligenz – Erbe oder Umwelt? 40
Genetische Beratung 41
Klonen, ja oder nein? 42
Gentherapie kann heilen 43

Verhalten

Das Reiz-Reaktions-Prinzip bei Amseln 44
Attrappenversuche bei Amseln 45
Verhalten von Jungfischen eines Maulbrüters 46
Zugverhalten bei Gartengrasmücken 47
Lernvorgänge bei Hunden (1) 48
Lernvorgänge bei Hunden (2) 49
Nachfolgereaktion bei Entenküken 50
Verhaltensweisen verbessern sich 51
Lernen in der SKINNER-Box 52
Lernvorgänge bei Schimpansen 53
Lernvorgänge bei Menschen 54
Labyrinthversuche mit Menschen (1) 55
Labyrinthversuche mit Menschen (2) 56

Evolution

Fossilien 57
Altersbestimmung mit der Radiocarbonmethode 58
Tiere und Pflanzen der verschiedenen Erdzeitalter 59
Archaeopteryx 60
Verwandt oder nur ähnlich? (1) 61
Verwandt oder nur ähnlich? (2) 62
Bein gleich Bein? 63
Die Entwicklung der Scholle 64
Gemeinsame Merkmale – gemeinsame Vorfahren? 65
Rudimentäre Organe beim Menschen 66
Atavismus – oder woher stammen diese Merkmale? 67
LAMARCK und DARWIN im Vergleich 68
Mutation und Selektion 69
Experimente in der Evolution? 70
Artbildung bei Eichhörnchen 71
Neuwelt- und Altweltaffen 72
Evolution des Weizens 73
Vom Frosch zum Apollo 74

Der aufrechte Gang 75
Der Mensch – ein Handwerker 76
Rekonstruktion von LUCY 77
Schädel-Puzzle 78
Wie sah der Neandertaler aus? 79
Ein Rätsel zur Evolution 80

Das Lichtmikroskop 5

1. Benenne die Teile des Lichtmikroskops.

① Okular
② Tubus
③ Haltegriff
④ Revolver
⑤ Objektiv
⑥ Objektträger
⑦ Objekttisch
⑧ Blende
⑨ Grobtrieb/Feintrieb
⑩ Beleuchtung
⑪ Stativ

2. Beschreibe den Strahlengang durch das Mikroskop und das Auge.

Die von der Lampe ausgehenden Lichtstrahlen gelangen durch die Blende. Hier wird die Menge des Lichts, das auf das Objekt trifft, reguliert (Helligkeitsregelung). Nach dem Durchtritt der Lichtstrahlen durch das Objekt wird durch die Sammellinsen des Objektivs ein vergrößertes Zwischenbild erstellt. Im Okular wird dieses Zwischenbild erneut vergrößert . Es entsteht ein umgekehrtes und seitenverkehrtes Bild. Die Lichtstrahlen gelangen nun durch die Augenlinse, werden dort gebrochen und erzeugen anschließend auf der lichtempfindlichen Netzhaut ein Bild, das erneut umgekehrt und seitenverkehrt ist.

Das Auflösungsvermögen 6

Amöbe ~ 1 mm	Eizelle (Mensch) ~ 0,1 mm	Blutkörperchen (rot) ~ 0,01 mm	Coli-Bakterium 1 µm	Grippe-Virus (Dicke) 0,1 µm	Zellmembran 0,01 µm	Rohrzucker-molekül ~ 1 nm	Wasserstoff-atom ~ 0,1 nm

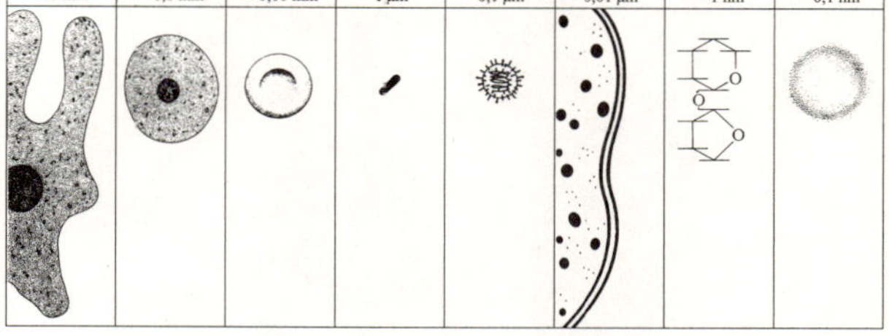

Als Auflösungsvermögen bezeichnet man den kleinsten Abstand zwischen zwei Punkten, den man noch getrennt wahrnehmen kann. Liegen zwei Objekte näher zusammen, so können sie nicht mehr getrennt auf der Netzhaut des Auges abgebildet werden.

Das Auflösungsvermögen des „unbewaffneten Auges" liegt bei 0,1 mm, für das Lichtmikroskop ergibt sich ein Wert von 0,4 µm und für das Elektronenmikroskop liegt der Wert bei ca. 2 nm.

Hilfestellung: 1 mm (sprich: Millimeter) = 1/1000 m = 10^{-3} m
1 µm (sprich: Mikrometer) = 1/1000 000 m = 10^{-6} m
1 nm (sprich: Nanometer) = 1/1000 000 000 m = 10^{-9} m

1. Gib am Beispiel der Abbildung an, bis in welche Bereiche man mit dem „unbewaffneten Auge", dem Lichtmikroskop und dem Elektronenmikroskop dringen kann.

Mit dem „unbewaffneten Auge" lässt sich gerade noch die menschliche Eizelle, mit dem Lichtmikroskop das Coli-Bakterium erkennen. Das Elektronenmikroskop erlaubt darüber hinaus die Betrachtung des Grippe-Virus und der Zellmembran.

2. In der Technik nutzt man das geringe Auflösungsvermögen des menschlichen Auges: Objekte erscheinen dem Betrachter einheitlich, sind aber in Wirklichkeit aus vielen einzelnen Punkten zusammengesetzt. Nenne Beispiele.

Die Buchstaben von Zeitungstexten erscheinen einheitlich, bei einer Betrachtung mit der Lupe zeigt sich jedoch, dass sie aus zahlreichen einzelnen Punkten zusammengesetzt sind. Auch Fernseher und Computermonitore erzeugen einheitliche Bilder, die jedoch zusammengesetzt sind.

Wachstum einer pflanzliche Zelle 7

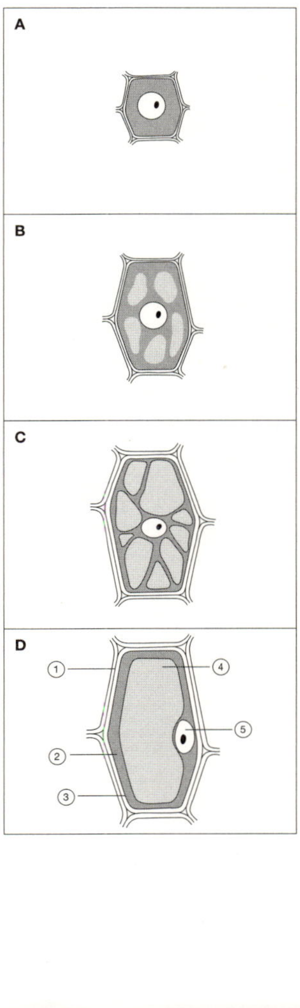

Aus embryonalen Pflanzenzellen werden im Laufe der Zeit die unterschiedlichen Zelltypen. Eine wichtige Rolle spielt dabei die zunehmende Wasseraufnahme der Zelle.

1. Beschreibe die Veränderungen von der embryonalen Pflanzenzelle (A) bis hin zur fertigen Dauerzelle (D):

Die embryonale Pflanzenzelle (A) ist noch vollständig vom Plasma ausgefüllt. Im Laufe der Zeit (Abbildungen B und C) erfolgt ein Streckungswachstum. Einzelne kleinere Vakuolen bilden sich. Das Cytoplasma durchzieht zunächst in Strängen die Vakuole bis sich schließlich eine einzelne Zentralvakuole durch Zusammenschluss der kleineren Vakuolen bildet. Das Plasma ist auf einen dünnen Wandbelag an die Zellwand zurückgedrängt, der Zellkern befindet sich in einer Plasmatasche am Rand.

2. Beschrifte die Abbildung D:

1 = Zellwand 2 = Cytoplasma
3 = Zellmembran 4 = Vakuole
5 = Zellkern

EM-Bild einer pflanzlichen Zelle 8

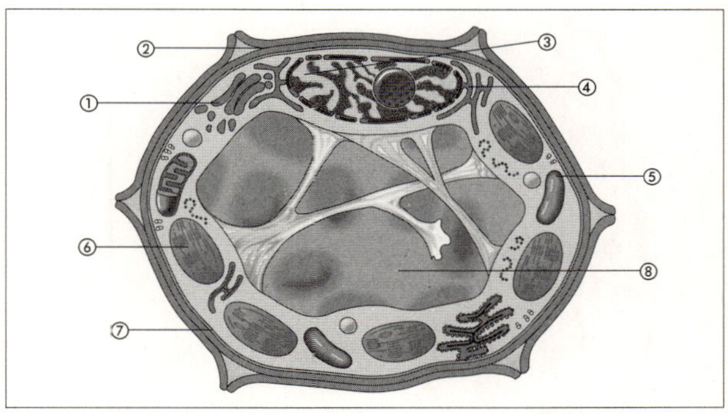

1. Ordne den Ziffern 1–8 des Modellbildes einer Pflanzenzelle die entsprechenden Fachbegriffe zu und gib ihre jeweilige Funktion an.

Nr.	Fachbegriff	Funktion
1	Dictyosom	Erzeugt Drüsenflüssigkeit, daneben ist es an der Bildung der Zellmembran und der Zellwand beteiligt
2	Zellwand	Festigt die einzelne Zelle und schließt den Zellinhalt nach außen hin ab
3	Zellkern	Enthält das Erbgut und ist damit Steuerzentrum der Zelle
4	Endoplasmatisches Retikulum	Stofftransport innerhalb des Kanalsystems, sowie Stoffumwandlung
5	Mitochondrium	Kraftwerk der Zelle
6	Chloroplast	Ort der Fotosynthese
7	Zellmembran	Abgrenzung der Zelle nach außen und selektiver Stofftransport
8	Vakuole	Speicherplatz für Reservestoffe und Exkrete

EM-Bild einer tierischen Zelle | 9

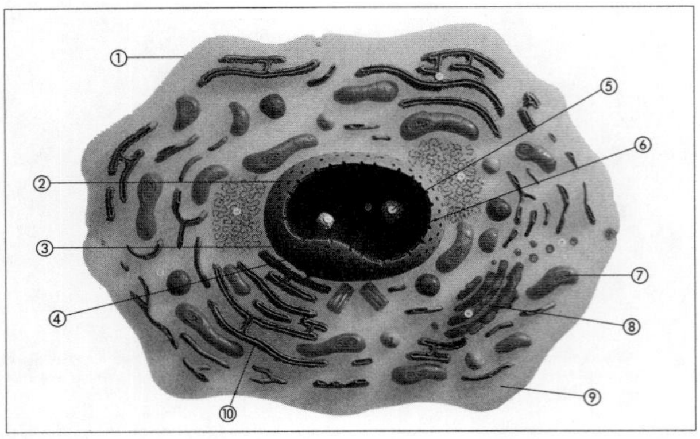

1. Ordne den Ziffern 1–10 des Modellbildes einer tierischen Zelle die entsprechenden Fachbegriffe zu.

Nr.	Fachbegriff	Nr.	Fachbegriff
1	Zellmembran	6	DNA
2	Zellkern	7	Mitochondrium
3	Kernhülle	8	Dictyosom
4	Kernpore	9	Cytoplasma
5	Kernkörperchen	10	Endoplasmatisches Retikulum

2. Vergleiche die tierische Zelle mit der pflanzlichen Zelle. Nenne Gemeinsamkeiten und Unterschiede zwischen beiden Zelltypen.

Gemeinsam sind beiden Zelltypen der Zellkern, die Mitochondrien, das Endoplasmatische Retikulum, das Dictyosom und die Zellmembran. Pflanzliche Zellen besitzen darüber hinaus Zellwände, Chloroplasten und Vakuolen.

Bau der Amöbe | 10

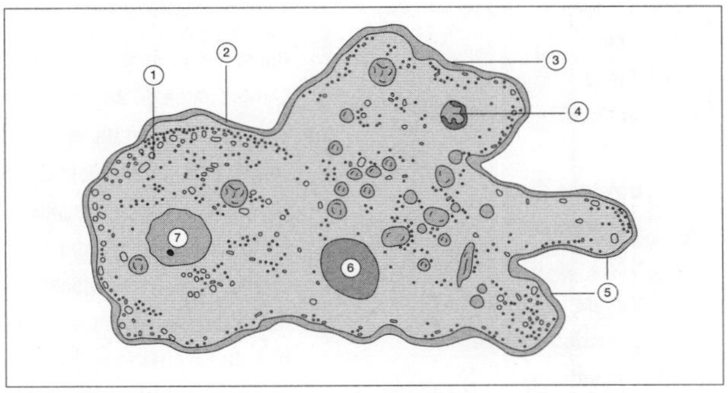

1. Benenne die Zellbestandteile einer Amöbe und gib ihre Funktion an.

Nr.	Zellbestandteil	Funktion
1	Innenplasma	Lebende Grundsubstanz der Zelle
2	Außenplasma	Zähe Flüssigkeit, die der Amöbe eine gewisse Gestalt verleiht
3	Zellmembran	Selektive Stoffaufnahme, Abgrenzung
4	Nahrungsbläschen	Verdauung
5	Scheinfüßchen	Fortbewegung
6	Zellkern	Steuerzentrale der Zelle
7	Pulsierendes Bläschen	Pumpt überschüssiges Wasser aus der Zelle

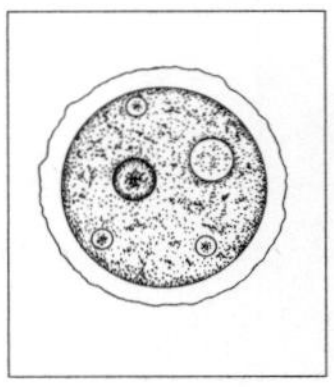

2. Die nebenstehende Abbildung zeigt die Dauerform einer Amöbe. Beschreibe ihre Gestalt und erkläre ihre Funktion.

Die Dauerform (Cyste) einer Amöbe besitzt eine kreisrunde Gestalt, hierdurch wird die Oberfläche verkleinert. Durch eine dicke Hülle aus zähem Schleim schützt sie sich vor Austrocknung und kann so ungünstige Lebensbedingungen überdauern.

Pantoffeltierchen | 11

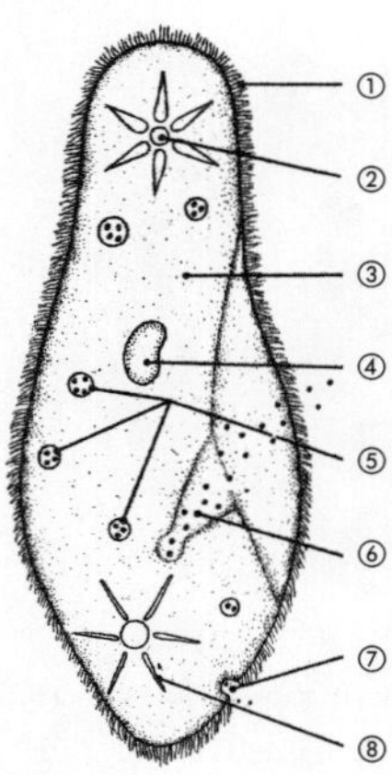

① Wimpern
② pulsierendes Bläschen
③ Plasma
④ Kern
⑤ Nahrungsbläschen
⑥ Zellschlund
⑦ Zellafter
⑧ pulsierendes Bläschen

1. Beschrifte die Abbildung vom Aufbau eines Pantoffeltierchens.

Ein Tropfen mit Pantoffeltierchen wurde auf einen Objektträger gegeben. In die Mitte dieses Tropfens wurde ein Kochsalzkristall gegeben und die Reaktion der Pantoffeltierchen beobachtet:

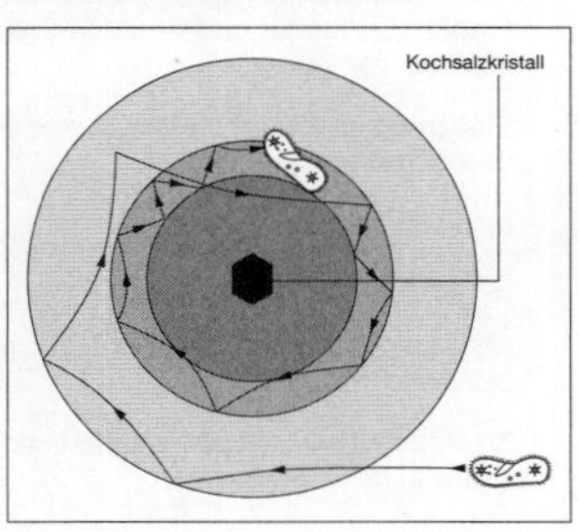

2. Beschreibe und erkläre das Versuchsergebnis.

Das Pantoffeltierchen bewegt sich zunächst vom Rand in Richtung auf das Kochsalzkristall zu, ohne jedoch in die unmittelbare Nähe des Kristalls vorzudringen. Es hält sich dann in einem mittleren Abstand vom Kristall auf. Offensichtlich ist das Pantoffeltierchen in der Lage, die unterschiedlichen Salzkonzentrationen wahrzunehmen. Es reagiert auf diesen chemischen Reiz und hält sich dann im Vorzugsbereich einer mittleren Salzkonzentration auf.

Verdauung beim Pantoffeltierchen | 12

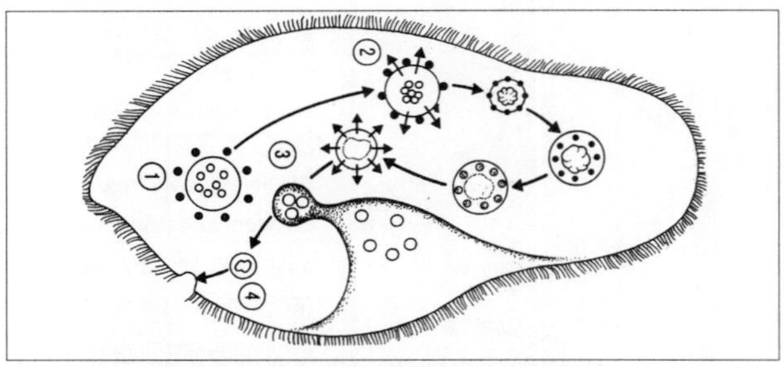

1. Beschreibe die Verdauung von Nahrungsbestandteilen beim Pantoffeltierchen.

Nahrung gelangt vom Mundfeld zum Zellmund und wird dann in Nahrungsvakuolen (1) eingeschlossen. Es folgt die Wasserabgabe aus der Nahrungsvakuole, das Eindringen von Verdauungsenzymen in die Vakuole und die eigentliche Verdauung(2). Hieran schließt sich die Abgabe von Nährstoffen in das Zellplasma (3) an. Unverwertbare Nahrungsbestandteile gelangen in Kotvakuolen und verlassen über den Zellafter das Pantoffeltierchen (4).

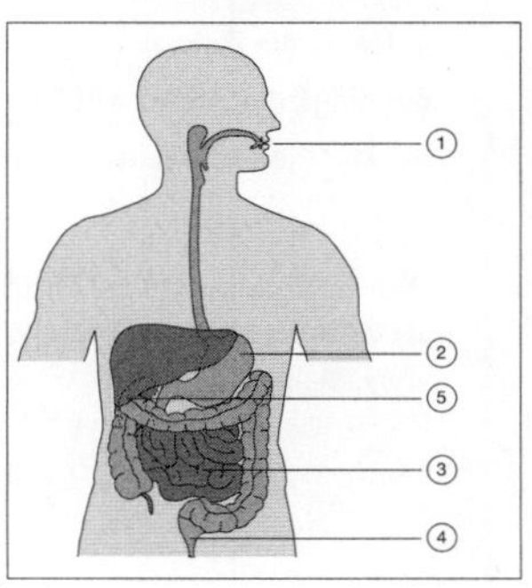

2. Vergleiche die menschliche Verdauung mit der des Pantoffeltierchens. Vervollständige dazu folgende Tabelle:

Mensch	Aufgabe	Pantoffeltierchen
1 Mund	Aufnahme von Nahrungsteilchen	Zellmund
2 Magen	Zerlegung von Nahrungsbestandteilen	Nahrungsvakuole
3 Darm	Zerlegung von Nahrungsteilchen und Abgabe von Nährstoffen	Nahrungsvakuole
4 After	Abgabe unverdaulicher Reste	Zellafter
5 Nieren	Ausscheidung von Flüssigkeit	Pulsierende Vakuolen

Teilung beim Pantoffeltierchene 13

Die Abbildungen zeigen ungeordnete Momentaufnahmen während der Teilung eines Pantoffeltierchens:

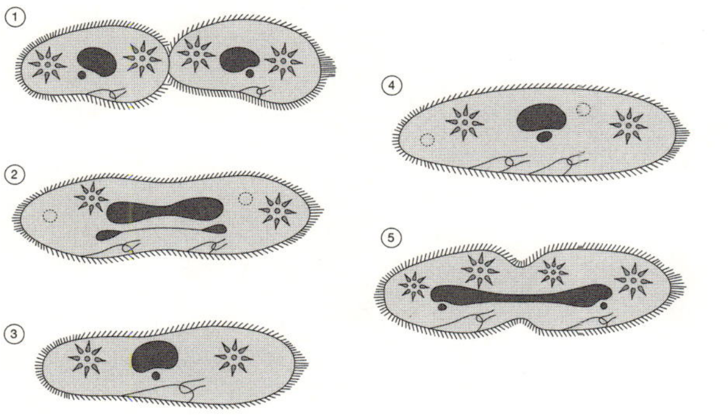

1. Notiere die richtige Reihenfolge der Abbildungen: **3 4 2 5 1**

2. Beschreibe die einzelnen Abbildungen.

1	**Die Teilung ist nahezu abgeschlossen. Die beiden Pantoffeltierchen sind noch an einer Stelle durch eine gemeinsame Zellhaut miteinander verbunden.**
2	**Der Zellleib des Pantoffeltierchens schnürt sich in der Mitte allmählich ein. Großkern und Kleinkern beginnen sich zu teilen, der Zellmund liegt bereits doppelt vor.**
3	**Das Pantoffeltierchen zu Beginn der Teilung. Zellmund, Groß- und Kleinkern liegen noch einzeln vor.**
4	**Der Zellmund hat sich verdoppelt. Es zeigen sich daneben Strukturen, aus denen sich später die neuen Vakuolen entwickeln.**
5	**Die Einschnürung des Zellleibes ist weiter fortgeschritten, die Kleinkerne liegen bereits verdoppelt vor, der Großkern ist kurz vor der Teilung. Die Anzahl der Vakuolen hat sich verdoppelt.**

Augentierchen (1) 14

1. Beschrifte die Abbildung eines Augentierchens.

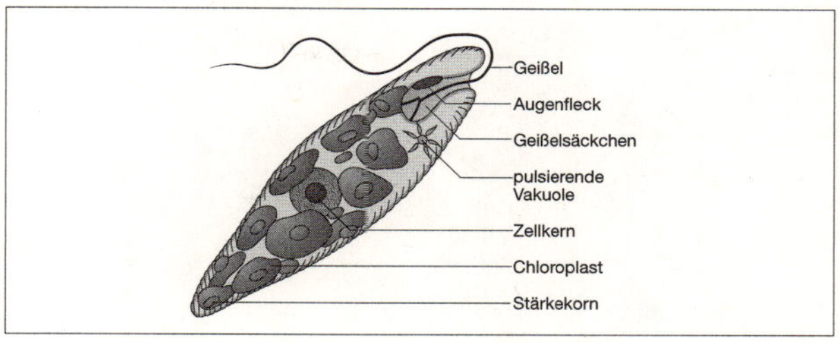

2. Schwemmt man den grünen Belag einer ausgetrockneten Pfütze in Wasser auf, so lassen sich die folgenden Veränderungen mikroskopisch beobachten. Beschreibe und erkläre die Beobachtungen.

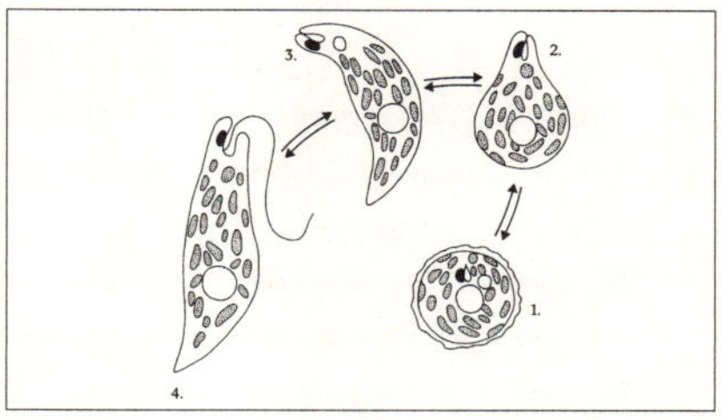

Im frisch aufgeschwemmten Belag finden sich kugelige Cysten der Augentierchen (1), deren Hülle durch das Wasser aufweicht ist und den Augentierchen ein Schlüpfen aus der Cystenhaut ermöglicht (2). Nach Streckung zur ursprünglichen Form (3) liegt das bewegliche Augentierchen vor. Beim Austrocknen des Lebensraums Wasser gehen Augentierchen in die inaktive Form einer Cyste über. Auf diese Weise können sie ungünstige Lebensbedingungen überdauern. Füllt sich dann z. B. die Pfütze mit Wasser, so treten die oben gezeigten Veränderungen ein.

Augentierchen (2) 15

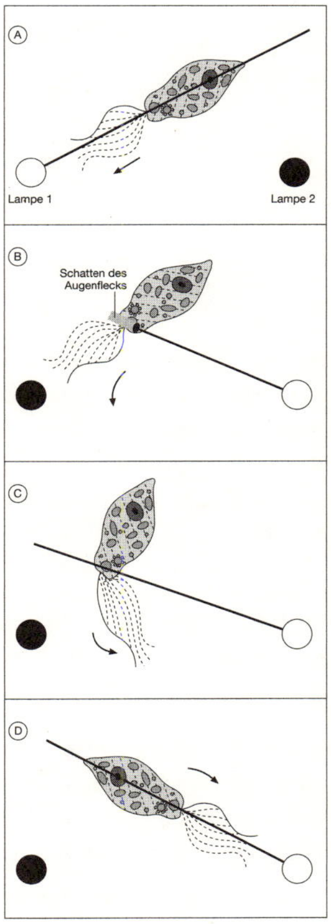

Orientierungsbewegungen nennt man Taxien. Ist die Bewegung zur Reizquelle hin gerichtet, spricht man von positiver Taxis, bei entgegengesetzter Richtung von negativer Taxis. Je nach Reizart unterscheidet man Fototaxis (Lichtreiz), Chemotaxis (chemischer Reiz) und Thigmotaxis (Berührungsreiz).
Ein Augentierchen wurde zunächst von Lampe 1 bestrahlt, anschließend wechselte die Lichtquelle (Abbildung B).

1. Beschreibe die Fortbewegung und Lichtorientierung beim Augentierchen und bezeichne sie mit einem Fachbegriff.

Bei der Fortbewegung des Augentierchens handelt es sich um positive Fototaxis. In Abbildung A trifft der Lichtstrahl von Lampe 1 direkt die Geißelwurzel des Augentierchens. Das Augentierchen bewegt sich daher direkt auf die Lichtquelle zu. Beim Wechsel der Lichtquelle (B) trifft der Lichtstrahl den Augenfleck und es entsteht ein Schatten. Die Geißelwurzel wird nun nicht mehr bestrahlt. Das Augentierchen verändert daraufhin seine Position (C) so, dass der Lichtstrahl der Lampe 2 direkt die Geißelwurzel trifft (D).

2. Äußere dich kritisch zum Namen *Augen*tierchen.

Augentierchen besitzen keine Augen, sondern lediglich einen lichtempfindlichen Fotorezeptor. Der Augenfleck dient dabei nur der Schattenerzeugung. Er ist also kein Auge, wie man früher fälschlicherweise annahm. Allerdings ist der Name „Augentierchen" beibehalten worden.

Nahrungsbeziehungen in einem Heuaufguss 16

Das nebenstehende vereinfachte Schema beschreibt die Nahrungsbeziehungen zwischen Bakterien, Augentierchen und Heutierchen in einem Heuaufguss.

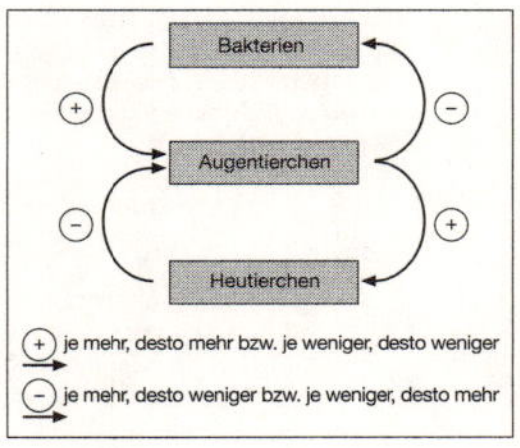

1. Beschreibe die dargestellten Nahrungsbeziehungen.

Heutierchen ernähren sich von Augentierchen, diese wiederum von Bakterien. Je mehr Bakterien vorhanden sind, desto mehr Augentierchen können von diesen leben. Je mehr Augentierchen, desto mehr Heutierchen. Sind zu viele Heutierchen vorhanden, die Augentierchen fressen, so wird deren Zahl geringer.

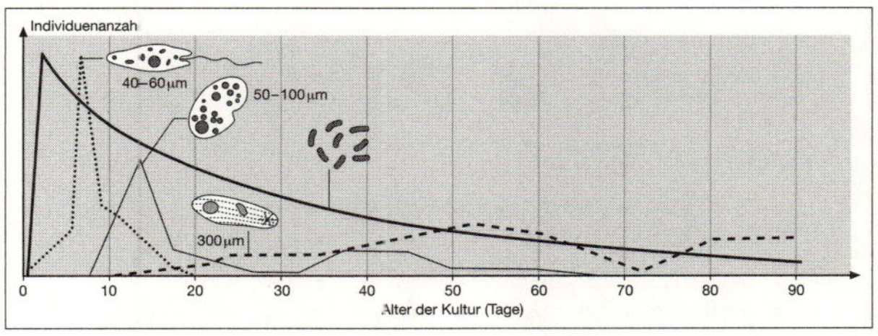

2. Beschreibe und erkläre die Veränderungen der Individuenanzahl in dem oben stehenden Diagramm.

Zunächst nimmt die Bakterienanzahl stark zu, dann fällt die entsprechende Kurve allmählich ab. Die Bakterien leben zunächst konkurrenzlos und können sich daher stark vermehren. Später dienen sie als Nahrung für die folgenden Tiere, folglich geht ihre Zahl zurück. Eine ähnliche Räuber-Beute-Wechselwirkung zeigt sich auch bei den Augentierchen, den Heutierchen und den Pantoffeltierchen. Zunächst treten die kleineren Wimper- und Geißeltierchen auf, dann auch größere Organismen. Einzelne Arten wie die Augentierchen werden auch vollständig verdrängt.

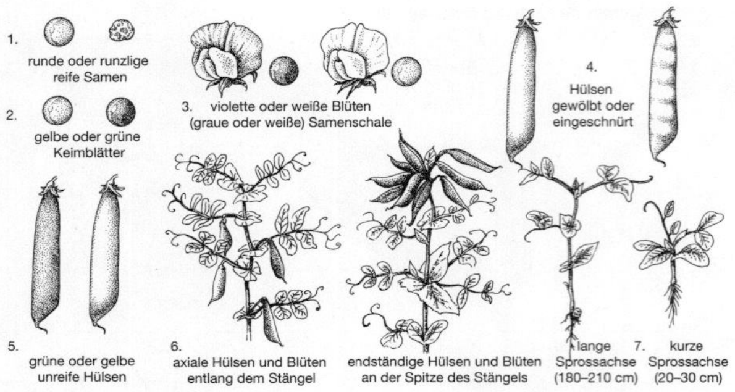

1. Benenne anhand der Abbildung einige der von MENDEL ausgewählten Merkmale der Erbsenpflanze.

1. Samenform, 2. Samenfarbe, 3. Blütenfarbe, 4. Hülsenform, 5. Hülsenfarbe, 6. Lage der Hülsen und Blüten, 7. Länge der Sprossachse

2. Erläutere die drei Anforderungen, die MENDEL an seine Versuchspflanzen stellte.

Nur konstant differierende Merkmale garantieren die Reinerbigkeit dieser Merkmale. Fremdbestäubungen hätten seine Ergebnisse verfälscht. Störungen der Fruchtbarkeit hätten ebenfalls die Ergebnisse verfälscht. Der Zufall würde dann zu sehr die Ergebnisse beeinflussen.

3. Erkläre die Bedeutung der Vorversuche in deinem Heft.

Die zweijährigen Vorversuche dienten dazu festzustellen, ob die zu verfolgenden Merkmale in den verschiedenen Generationen konstant bleiben. Er ging davon aus, dass die Erbsenrasse hinsichtlich des Merkmals reinerbig war.

MENDEL führte folgendes Kreuzungsexperiment durch:

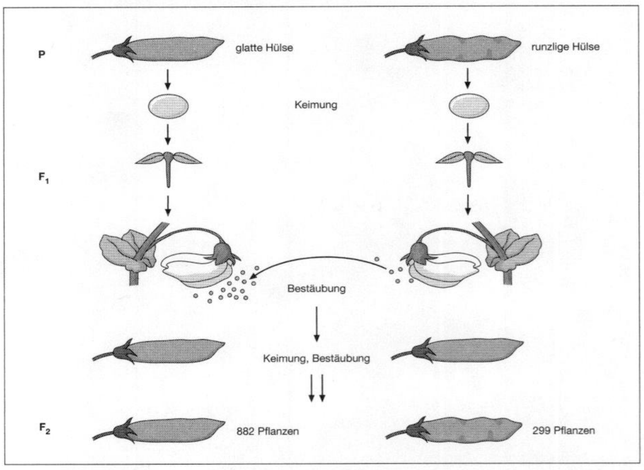

1. Beschreibe die in der Abbildung dargestellten Kreuzungsexperimente. Verwende dabei die folgenden Fachausdrücke: dominant, rezessiv, Parentalgeneration, Filialgeneration, Fremdbestäubung, Hybride, mischerbig, reinerbig, reziproke Kreuzung.

MENDEL kreuzte Erbsenpflanzen, deren Schoten reinerbig runde bzw. runzlige Hülsenform besaßen. Dazu wurden die Erbsen dieser Elterngeneration (Parentalgeneration) zum Keimen gebracht und die Pollen der entstehenden Blüten wechselseitig übertragen (reziproke Kreuzung). Die befruchteten Pflanzen bildeten die erste Tochter- oder Filialgeneration. Deren Schoten besaßen sämtlich glatte Hülsen. MENDEL bezeichnete die Pflanzen der F_1-Generation als Hybride (Mischlinge), da sie hinsichtlich des Merkmals Hülsenform mischerbig waren. Das Merkmal, das sich in dieser Generation durchsetzte (glatte Hülsen) wurde als dominant, das unterdrückte Merkmal als rezessiv bezeichnet. Um festzustellen, ob das rezessive Merkmal tatsächlich noch in den Pflanzen vorhanden war, kreuzte er die Hybriden der F_1-Generation durch Fremdbestäubung. Er verfuhr dabei wie bei der Elterngeneration beschrieben. In der F_2-Generation traten überwiegend Pflanzen mit glatten Hülsen auf, aber auch solche mit runzligen Hülsen. Das rezessive Merkmal war also nicht verschwunden, sondern auf die zweite Filialgeneration übertragen worden.

MENDEL kreuzte in zwei Versuchsreihen Erbsenpflanzen, die sich in den Merkmalen Samengestalt (rund/runzlig) bzw. Samenfarbe (grün/gelb) unterschieden. Die entstehenden F_1-Individuen wurden anschließend untereinander gekreuzt und die Zahl der F_2-Nachkommen ermittelt. Die Tabelle gibt die Original-Ergebnisse für jeweils 10 einzelne Pflanzen wieder. Daneben ist das Gesamtergebnis nach Auszählung von 253 bzw. 258 Pflanzen aufgeführt.

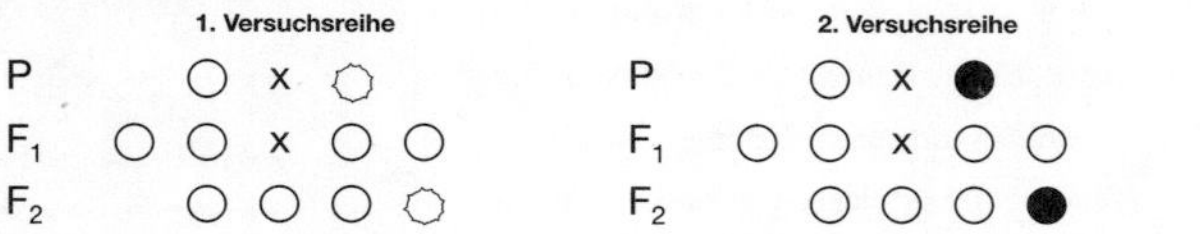

Pflanze	rund	runzlig	Verhältnis
1	45	12	**3,75 : 1**
2	27	8	**3,37 : 1**
3	24	7	**3,40 : 1**
4	19	10	**1,90 : 1**
5	32	11	**2,90 : 1**
6	26	6	**4,30 : 1**
7	88	24	**3,60 : 1**
8	22	10	**2,20 : 1**
9	28	6	**4,60 : 1**
10	25	7	**3,50 : 1**
Gesamtergebnis	5474	1850	**2,96 : 1**

Pflanze	gelb	grün	Verhältnis
1	25	11	**2,27 : 1**
2	32	7	**4,57 : 1**
3	14	5	**2,80 : 1**
4	70	27	**2,59 : 1**
5	24	13	**1,85 : 1**
6	20	6	**3,33 : 1**
7	32	13	**2,46 : 1**
8	44	9	**4,88 : 1**
9	50	14	**3,57 : 1**
10	44	18	**2,44 : 1**
Gesamtergebnis	6022	2001	**3,01 : 1**

1. Berechne das Aufspaltungsverhältnis für die 10 Pflanzen der beiden Versuchsreihen und für das Gesamtergebnis. Trage die Werte in die entsprechende Spalte ein.

2. Vergleiche die Einzelwerte mit dem Gesamtergebnis und erkläre die Unterschiede.

Die Einzelwerte weichen mehr oder weniger stark von dem Spaltungsverhältnis des Gesamtergebnisses ab. Erst bei Auszählung sehr hoher Nachkommenzahlen nähert man sich dem idealen Spaltungsverhältnis von 3:1 an.

3. Leite aus den Versuchen die 1. und 2. Mendelsche Regel ab. Notiere diese in deinem Heft.

1. Mendelsche Regel: Kreuzt man reinerbige Lebewesen einer Art miteinander, die sich in einem Merkmalspaar unterscheiden, so sind die Hybriden der 1. Filialgeneration in diesem Merkmal alle gleich (uniform). 2. Mendelsche Regel: Kreuzt man die Hybriden der F_1-Generation untereinander, so spalten die Nachkommen in der F_2-Generation bei einem dominant-rezessiven Erbgang im Verhältnis 3:1 auf.

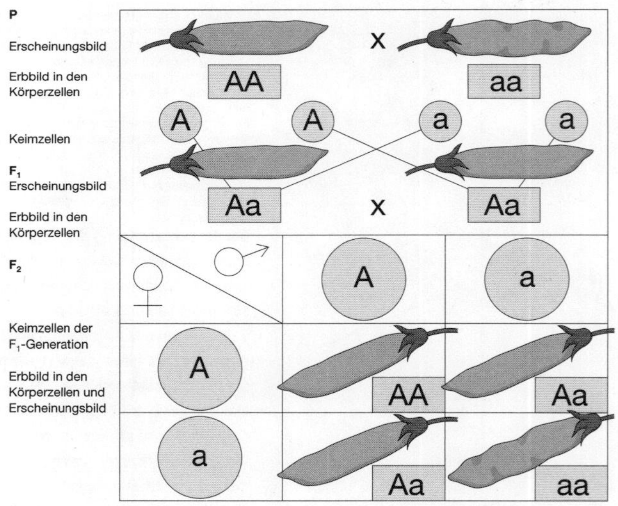

1. Welche Anlage wird dominant, welche rezessiv vererbt? Begründe deine Entscheidung.

Sämtliche Hülsen der F_1-Generation sind glatt (1. Mendelsche Regel). Die Anlage für glatte Hülsen ist folglich dominant, die für runzlige Hülsen rezessiv.

2. Begründe, warum die Anlagen in den Körperzellen doppelt vorhanden sein müssen, in den Keimzellen jedoch nur einfach.

In den Körperzellen müssen für jedes Merkmal zwei Anlagen vorhanden sein, da je eine Anlage von der weiblichen bzw. von der männlichen Pflanze stammt. Bei der Keimzellenbildung werden die doppelt vorhandenen Anlagen getrennt. Ohne diese Halbierung käme es bei jeder Befruchtung zu einer Verdopplung der Anlagen.

3. Vervollständige das Kreuzungsschema. Kennzeichne die dominanten bzw. rezessiven Anlagen mit den Buchstaben A bzw. a.

Dominant-rezessiver Erbgang mit zwei Merkmalspaaren 21

Es wurden reinerbige Erbsenpflanzen miteinander gekreuzt, die sich in den Merkmalen Hülsenform (glatt/runzlig) und Hülsenfarbe (gelb/grün) unterschieden:

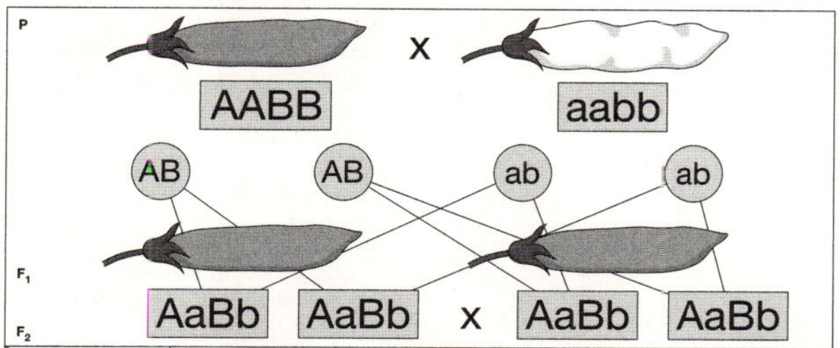

♀ \ ♂	AB	Ab	aB	ab
AB	AABB	AABb	AaBB	AaBb
Ab	AABb	AAbb	AaBb	Aabb
aB	AaBB	AaBb	aaBB	aaBb
ab	AaBb	Aabb	aaBb	aabb

1. Begründe für jedes Merkmal, welche Anlage dominant und welche rezessiv vererbt wird.

Sämtliche Hülsen der F_1-Generation sind glatt und grün. Die Anlagen für glatte bzw. grüne Hülsen sind folglich dominant, die für runzlige bzw. gelbe Hülsen sind rezessiv.

2. Vervollständige das Kreuzungsschema. Kennzeichne dabei die dominanten bzw. rezessiven Anlagen für das Merkmal Hülsenform mit den Buchstaben *A* bzw. *a*, die für das Merkmal Hülsenfarbe mit den Buchstaben *B* bzw. *b*. Gib auch das Erscheinungsbild der jeweiligen F_2-Pflanzen an.

Intermediärer Erbgang bei der Nelke 22

Es wurden reinerbige Nelkenpflanzen miteinander gekreuzt, die sich in dem Merkmal Blütenfarbe (rot/weiß) unterscheiden:

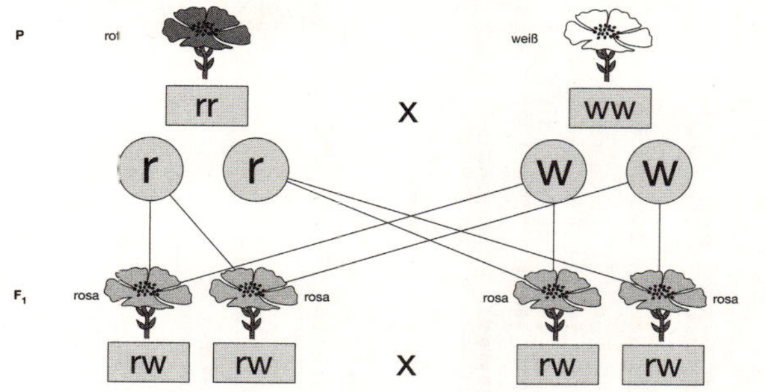

♀ \ ♂	r	w
r	rr rot	rw rosa
w	rw rosa	ww weiß

1. Vervollständige das Kreuzungsschema. Kennzeichne dabei die Anlage für die rote Blütenfarbe mit dem Buchstaben *r* und für die weiße Blütenfarbe mit dem Buchstaben *w*. Gib auch das Erscheinungsbild der F_2-Pflanzen an.

2. Überprüfe, ob die Mendelschen Regeln auch für diesen intermediären Erbgang gelten.

Die 1. und 2. Mendelsche Regel gelten auch für intermediäre Erbgänge: Die F_1-Generation ist uniform (hier: rosa), die F_2-Generation spaltet in einem bestimmten Zahlenverhältnis auf (hier: 1 : 2 : 1).

Rückkreuzungen 23

Erbsenpflanzen mit glatter Hülsenform und grüner Hülsenfarbe können verschiedene Erbbilder besitzen: Entweder sie sind mischerbig für beide Merkmale *(AaBb)* oder reinerbig *(AABB)*.
Bei einer Rückkreuzung werden die äußerlich nicht zu unterscheidenden Pflanzen mit reinerbig rezessiven Pflanzen gekreuzt. Die Ergebnisse dieser Kreuzungen erlauben dann eine Unterscheidung und die eindeutige Zuordnung zu einem der beiden Erbbilder.

R_1

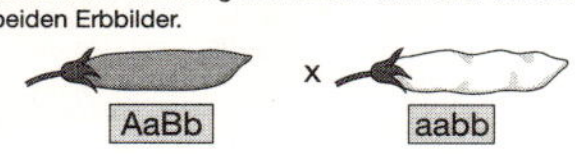

♀ \ ♂	ab	ab	ab	ab
AB	AaBb	AaBb	AaBb	AaBb
Ab	Aabb	Aabb	Aabb	Aabb
aB	aaBb	aaBb	aaBb	aaBb
ab	aabb	aabb	aabb	aabb

R_2

♀ \ ♂	ab	ab	ab	ab
AB	AaBb	AaBb	AaBb	AaBb
AB	AaBb	AaBb	AaBb	AaBb
AB	AaBb	AaBb	AaBb	AaBb
AB	AaBb	AaBb	AaBb	AaBb

1. Vervollständige die beiden Kreuzungsschemata.

2. Welche Erscheinungsbilder und welche Spaltungsverhältnisse ergeben sich bei der mischerbigen Pflanze, welche bei der reinerbigen Pflanze?

Bei der mischerbigen Pflanze treten vier verschiedene Erscheinungsbilder im Spaltungsverhältnis 1 : 1 : 1 : 1 auf: glatt/grün, glatt/gelb, runzlig/grün und runzlig/gelb. Bei der reinerbigen Pflanze tritt nur ein Erscheinungsbild auf: glatt/gelb.

Erbgang mit zwei Merkmalspaaren beim Löwenmäulchen 24

Es wurden zwei reinerbige Löwenmaulrassen miteinander gekreuzt, die sich in der Blütenform (rachenförmig/primelförmig) und der Blütenfarbe (rot/weiß) unterscheiden:

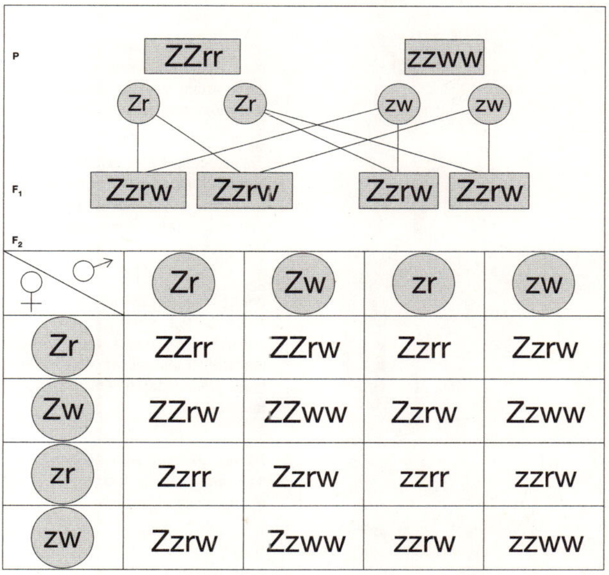

♀ \ ♂	Zr	Zw	zr	zw
Zr	ZZrr	ZZrw	Zzrr	Zzrw
Zw	ZZrw	ZZww	Zzrw	Zzww
zr	Zzrr	Zzrw	zzrr	zzrw
zw	Zzrw	Zzww	zzrw	zzww

1. Begründe getrennt für jedes Merkmal, ob es dominant-rezessiv oder intermediär vererbt wird.

Das Merkmal Blütenform wird dominant-rezessiv vererbt, da in der F_1-Generation keine Zwischenformen gebildet werden, sondern nur rachenförmige Blüten auftreten. Das Merkmal Blütenfarbe wird intermediär vererbt, es treten in der F_1-Generation Hybriden mit einer Mischfarbe auf.

2. Vervollständige das Kreuzungsschema. Kennzeichne dabei die Anlagen für die Blütenform mit den Buchstaben *Z* bzw. *z*, die für Blütenfarbe mit den Buchstaben *r* bzw. *w*.

Erstellen und Auswerten von Karyogrammen (1) 25

Für die Diagnose von Erbkrankheiten spielen Karyogramme eine wichtige Rolle. Mit ihrer Hilfe lassen sich Abweichungen von der normalen Chromosomenanzahl und Strukturveränderungen einzelner Chromosomen erkennen. Zur Chromosomenanalyse werden Metaphasestadien sich teilender Zellen fotografiert und die vergrößerten Chromosomen ausgeschnitten. Anschließend ordnet man sie entsprechend einem international vereinbarten Schema zu Paaren an.

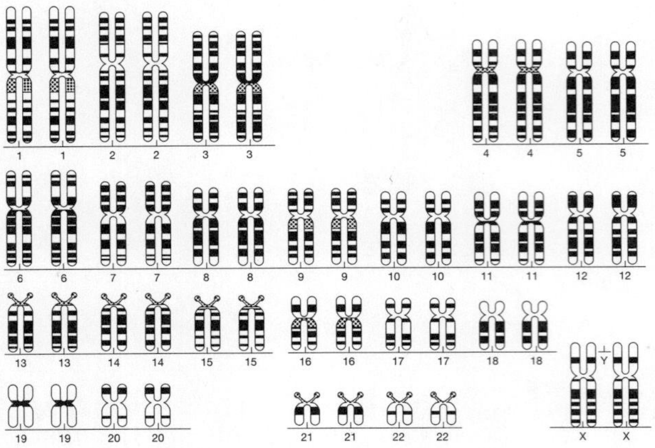

1. Schneide aus dem folgenden Blatt 1 die ungeordneten Chromosomenabbildungen mit den zugehörigen Nummern aus und lege sie zu Paaren zusammen. Übertage die Paare dann in das oben stehende Schema eines Karyogramms.

2. Nach welchen Kriterien werden die Chromosomen in den Karyogrammen angeordnet?

Ordnungskriterien: Größe, Lage des Centromers, Bandenmuster, paarige Anordnung der homologen Chromosomen.

3. Erstelle ein weiteres Karyogramm aus Blatt 2. Vergleiche die beiden Karyogramme. Stelle Gemeinsamkeiten und Unterschiede fest.

Gemeinsam ist beiden, dass es sich um Karyogramme von Frauen handelt (44 Autosomen + XX). Karyogramm 2 zeigt eine Trisomie des 21 Chromosoms (Down-Syndrom) und enthält insgesamt daher 47 Chromosomen.

Mitose und Zellteilung 28

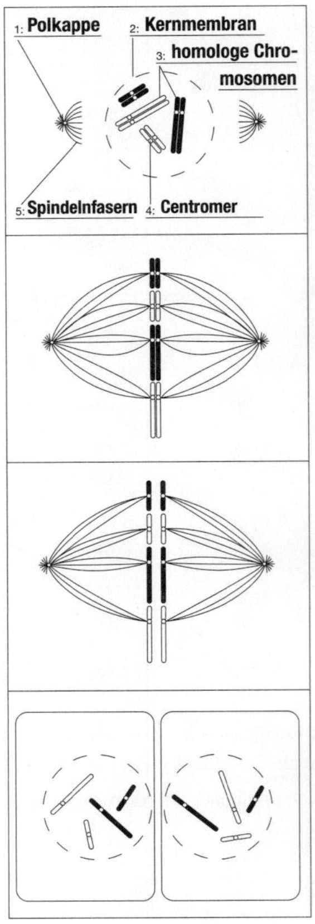

1. Beschrifte die Abbildung.
2. Beschreibe mithilfe der einzelnen Abbildungen die Zellteilungsvorgänge während der Mitose.

Prophase: **Die Chromsomen werden durch Aufschraubung (Spiralisierung) der Chromatinfäden sichtbar. Jedes Chromosom besteht aus zwei Chromatiden, die über ein Centromer verbunden sind. Es bilden sich die Spindelfasern, die Kernmembran löst sich auf.**

Metaphase: **Die Chromosomen ordnen sich in der Zellmitte an. Spindelfaser verbinden die Polkappe mit dem Centromer eines jeden Chromosoms.**

Anaphase: **Die Spindelfasern verkürzen sich und trennen die beiden Chromatiden jedes Chromosoms voneinander, es entstehen Ein-Chromatid-Chromosomen. Diese werden jeweils zu einem Pol transportiert.**

Telophase: **Es bilden sich neue Tochterkerne mit einer eigenen Kernmembran. Die Anzahl der Chromatiden entspricht der Anzahl der Chromosomen der Ausgangszelle. Mit der Bildung einer neuen Zellwand erfolgt die eigentliche Zellteilung.**

Meiose 29

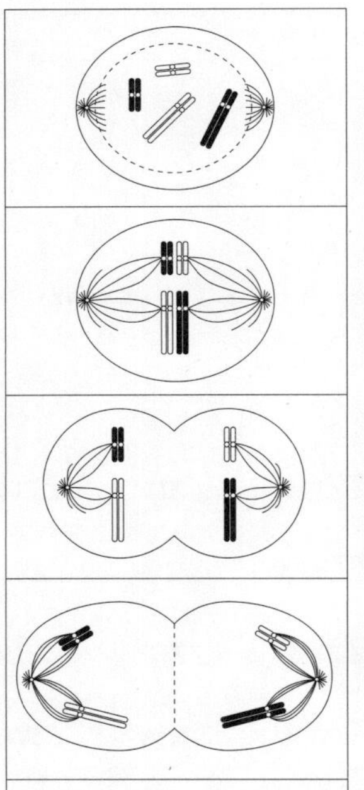

Beschreibe anhand der Abbildungen die einzelnen Phasen der Meiose.

1. Reifeteilung:

Prophase I:
Die Chromsomen sind durch Aufschraubung sichtbar geworden. Jedes Chromosom besteht aus zwei Chromatiden. Die Kernmembran löst sich auf.

Metaphase I:
Die homologen Chromosomen ordnen sich parallel zueinander im Mittelbereich des Zellkerns an. Die Fasern führen vom Spindelpol zum Centromer jedes homologen Chromosoms.

Anaphase I:
Die homologen Chromosomen werden durch die sich verkürzenden Spindelfasern voneinander getrennt. Welcher Paarling der homologen Chromosomen an welchen der beiden Pole gelangt bleibt dem Zufall überlassen.

Telophase I:
Die nun getrennt vorliegenden Chromosomen werden vorübergehend von einer Membran umschlossen.

2. Reifeteilung:
Die 2. Reifeteilung verläuft wie eine Mitose. Es trennen sich die beiden Chromatiden der einzelnen Chromosomen und gelangen in die sich bildenden neuen Zellen. Nach Ausbildung von Kernmembran und Zellmembran haben sich damit aus einer Zelle vier Keimzellen mit einfachem Chromosomensatz gebildet.

Kopplung von Erbanlagen 30

Untersucht wurde die Vererbung der Merkmale Körperfarbe (grau/schwarz) und Flügellänge (langflügelig/kurzflügelig) bei der Fruchtfliege. Die Anlage für die graue Körperfarbe (Symbol: *G*) ist dominant über die für schwarze Körperfarbe *(g)*. Die langflügelige Anlage *(F)* ist dominant über die kurzflügelige Anlage *(f)*.

Mischerbige Männchen mit grauer Körperfarbe und langen Flügeln wurden mit reinerbigen Weibchen gekreuzt, die eine schwarzen Körperfarbe und kurze Flügel besaßen.

Erwartetes Ergebnis:

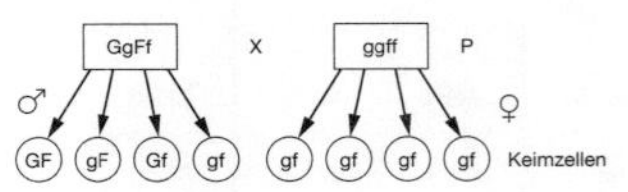

F_2 ♂ \ ♀	gf	gf	gf	gf	Erscheinungsbild
GF	GgFf	GgFf	GgFf	GgFf	grau, langflügelig
gF	ggFf	ggFf	ggFf	ggFf	schwarz, langflügelig
Gf	Ggff	Ggff	Ggff	Ggff	grau, kurzflügelig
gf	ggff	ggff	ggff	ggff	schwarz, kurzflügelig

Beobachtetes Ergebnis:

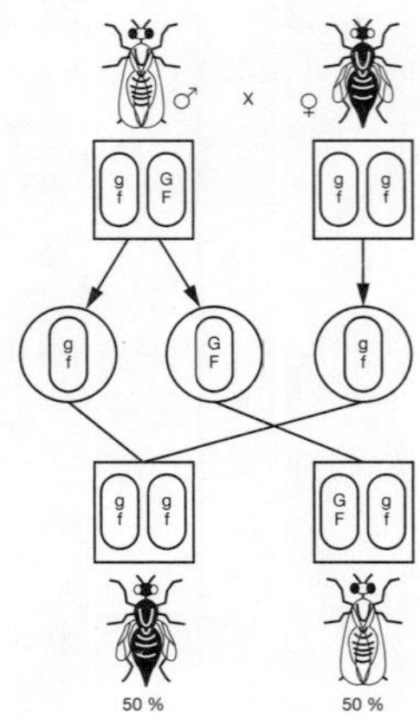

1. Vervollständige das Kreuzungsschema.
2. Vergleiche das erwartete Aufspaltungsverhältnis in der F_1-Generation mit dem tatsächlich beobachteten Spaltungsverhältnis. Wie lässt sich dieses Ergebnis erklären?

In der F_1-Generation wurden vier verschiedene Erscheinungsbilder im Verhältnis 1 : 1 : 1 : 1 erwartet, tatsächlich traten aber nur schwarze kurzflügelige und graue normalflügelige Fliegen im Aufspaltungsverhältnis 1 : 1 auf. Die Anlagen für Körperfarbe und Flügelform liegen auf dem gleichen Chromosom und werden gekoppelt, d. h. gemeinsam weitergegeben.

Entkopplung von Erbanlagen (1) — 31

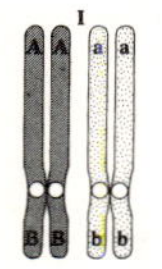

Es liegt ein homologes Chromosomenpaar vor, das jeweils aus Zwei-Chromatiden-Chromosomen besteht. Auf den Chromosomen ist die Position von zwei Erbanlagen durch die Buchstaben A und B angedeutet. Das homologe Chromosom trägt die entsprechenden Anlagen in rezessiver Form (a bzw. b).

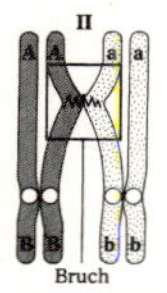

Zwischen den zwei Erbanlagen kommt es an beiden Chromatiden der homologen Chromosomen zu einem Bruch (Crossing-over).

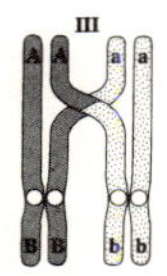

Die Bruchstellen verwachsen über Kreuz.

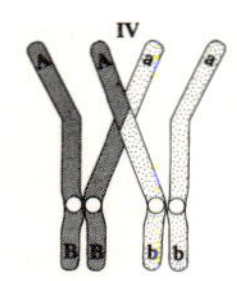

Im Verlauf der Meiose weichen die homologen Chromosomen auseinander. Dabei werden die überkreuzten Chromatiden getrennt.

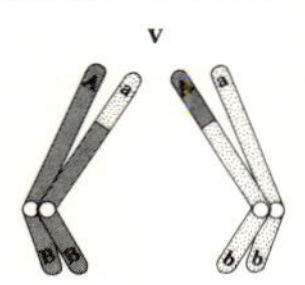

Die getrennten homologen Chromosomen besitzen jeweils auf einem der beiden Chromatiden ausgetauschte Erbanlagen.

1. Beschreibe die abgebildeten Vorgänge. Benutze dabei die folgenden Ausdrücke: Crossing-over, Zwei-Chromatiden-Chromosom, homologe Chromosomen, Meiose.

Entkoppelung von Erbanlagen (2) — 32

Mischerbige Weibchen mit grauer Körperfarbe und langen Flügeln wurden mit reinerbigen Männchen gekreuzt, die eine schwarzen Körperfarbe und kurze Flügel besaßen.

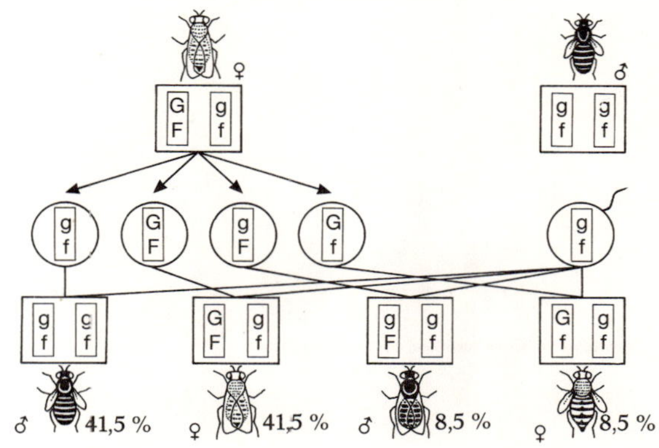

1. Vervollständige das Kreuzungsschema.

2. Erkläre die Tatsache, dass in der F_1-Generation vier verschiedene Erscheinungsbilder mit unterschiedlicher Häufigkeit auftreten.

Bei der Keimzellenbildung des Weibchens kann es zum Crossing-over kommen. Dadurch werden zuvor gekoppelte Erbanlagen entkoppelt. Es bilden sich daher neben den erwarteten Keimzellen (gf und GF) auch die Anlagenkombinationen gF und Gf. Da es sich beim Crossing-over um ein relativ seltenes Ereignis handelt, treten die entsprechenden Keimzellen und die resultierenden Erscheinungsbilder folglich mit geringerer prozentualer Häufigkeit auf.

3. Warum bildet das Männchen in der obigen Kreuzung nur eine Sorte von Keimzellen?

Das Männchen ist reinerbig. Sollte es zu einem Crossing-over zwischen den Erbanlagen kommen, so bleibt dies aufgrund der Reinerbigkeit ohne Auswirkung.

Der Feinbau der Chromosomen — 33

1. Beschrifte die Abbildung.

1. Zwei-Chromatid-Chromosomen
2. Centromer
3. Chromatid mit Chromatinfäden
4. Spindelfasern
5. verdrehter Chromatinfaden
6. DNA
7. Basen der DNA

2. Beschreibe den Feinbau eines Chromosoms in deinem Heft.

Das Chromosom besteht zu Beginn einer Kernteilung aus den beiden identischen Chromatiden, die durch das Centromer miteinander verbunden sind. Das einzelne Chromatid wiederum entsteht durch die mehrfache starke Verdrehung des Chromatinfadens. Der Chromatinfaden besteht aus einer Aneinanderreihung von Eiweißkomplexen, um die der DNA-Doppelstrang gewunden ist. Die DNA bildet einen unverzweigten Doppelstrang, der wendeltreppenartig gewunden ist und an eine spiralig gewundene Strickleiter erinnert. Dabei werden die beiden Seile an den Seiten aus Phosphorsäure- und Zuckerbausteinen gebildet. Die Sprossen werden aus den Basen Adenin, Guanin, Cytosin und Thymin gebildet.

Von der Erbinformation zum Protein — 34

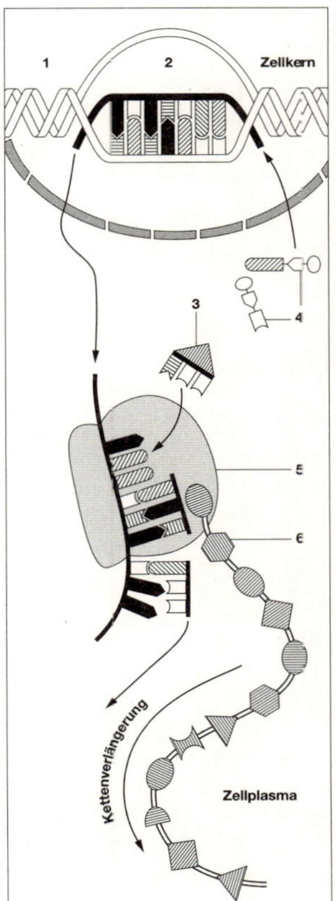

1. Beschrifte die Abbildung:

1. DNA
2. Boten-RNA
3. Aminosäure
4. RNA-Nucleotide
5. Ribosom
6. Protein

2. Beschreibe den Weg von der Erbinformation zum Protein.

Im Zellkern ist die Erbsubstanz gespeichert. Von ihr wird eine Kopie, die Boten-RNA, angefertigt. Dies geschieht durch Basenpaarung mit freien Nucleotiden. Die Boten-RNA verlässt durch die Kernporen den Zellkern und gelangt ins Zellplasma. An den Ribosomen findet die Proteinbildung statt. Dazu lagern sich mit Aminosäuren beladene Träger-RNAs an entsprechende Tripletts der Boten-RNA an. Triplett für Triplett wird abgelesen und jeweils eine Aminosäure an das entstehende Proteinmolekül angeknüpft. Auf diese Weise wird die aus den verschiedenen Aminosäuren bestehende Proteinkette verlängert. Die Träger-RNAs werden abgespalten und können anschließend erneut mit den entsprechenden Aminosäuren beladen werden.

Roller und Nichtroller — 35

Die Fähigkeit, die Zunge zu rollen, ist erblich und kann nicht erlernt werden. Mithilfe der folgenden Stammbäume soll die Frage geklärt werden, ob das Merkmal Zungenroller dominant oder rezessiv vererbt wird.

Annahme: Dominante Vererbung des Merkmals „Roller"

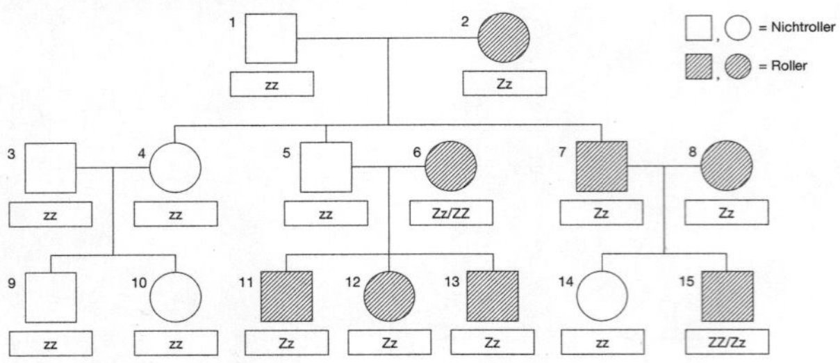

Annahme: Rezessive Vererbung des Merkmals „Roller"

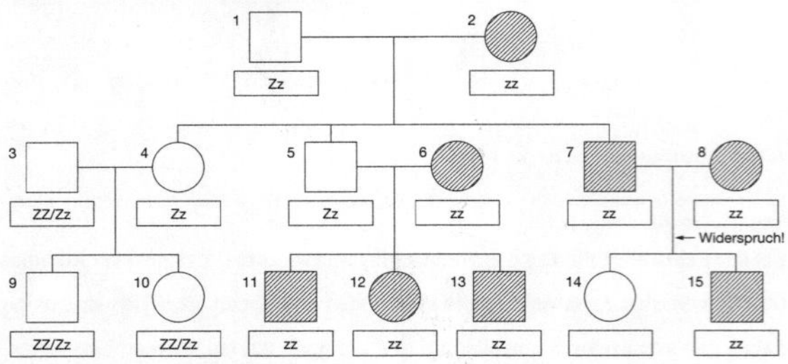

1. Trage in beide Stammbäume die entsprechenden Erbbilder ein. Gehe beim ersten Stammbaum von einer dominanten Vererbung des Merkmals Roller (Symbol: *Z*) aus, im zweiten von einer rezessiven Vererbung (Symbol: *z*).

2. Bei welchem der beiden Stammbäume tritt ein Widerspruch auf, wie wird die Fähigkeit zum Zungenrollen vererbt?

Bei einer rezessiven Vererbung kann Person 14 nicht erklärt werden. Die Fähigkeit zum Zungenroller wird folglich dominant vererbt.

Die Vererbung der totalen Farbenblindheit — 36

Die totale Farbenblindheit ist mit starker Sehschwäche, Augenzittern und extremer Lichtempfindlichkeit verbunden. Die Erbkrankheit tritt unter den Neugeborenen mit einer Häufigkeit von 1:30 000 Neugeborenen auf und ist damit äußerst selten.

Der folgende Stammbaum zeigt das Auftreten der totalen Farbenblindheit in einer Familie:

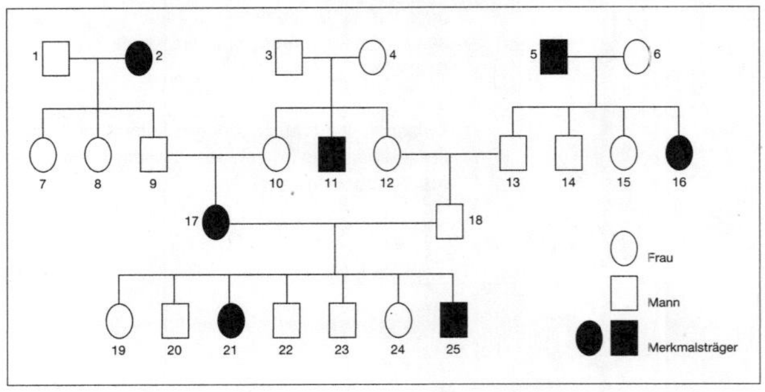

1. Wird die totale Farbenblindheit dominant oder rezessiv vererbt? Begründe anhand des Stammbaumes.

Die totale Farbenblindheit wird rezessiv vererbt. Nur so ist es zu erklären, dass die Personen 3 und 4 einen erkrankten Sohn (11) zur Welt bringen, obwohl beide äußerlich nicht Merkmalsträger sind.

2. Liegt die Anlage für die totale Farbenblindheit auf einem Körperchromosom oder auf einem Geschlechtschromosom?

Die Anlage liegt auf einem Körperchromosom. Läge sie auf dem Geschlechtschromosom, so müsste Person 2 bei rezessiver Vererbung das Erbbild X_aX_a und Person 1 das Erbbild X_AY haben. Dann müsste aber auch der Sohn (9) Merkmalsträger sein.

3. Ermittle das Erbbild der Personen 1, 2, 6, 9, 10, 11, 12, 13, 17, 18, 19. Benutze die üblichen Buchstabensymbole.

1: AA oder Aa, 2: aa, 6: Aa, 9: Aa, 10: Aa, 11: aa, 12: AA oder Aa, 13: Aa, 17: aa, 18: Aa, 19: Aa

Der Erbgang der Blutgruppen — 37

Die Blutgruppen des AB0-Systems und der Rhesusfaktor (d, D) von vier Elternpaaren sind eindeutig bekannt.

Bei den folgenden vier Kindern kennt man zwar die Blutgruppe und den Rhesusfaktor, es ist jedoch nicht bekannt, ob diese reinerbig oder mischerbig vorliegen:

1. Ordne mithilfe der Tabelle jedem Elterpaar ein Kind zu.

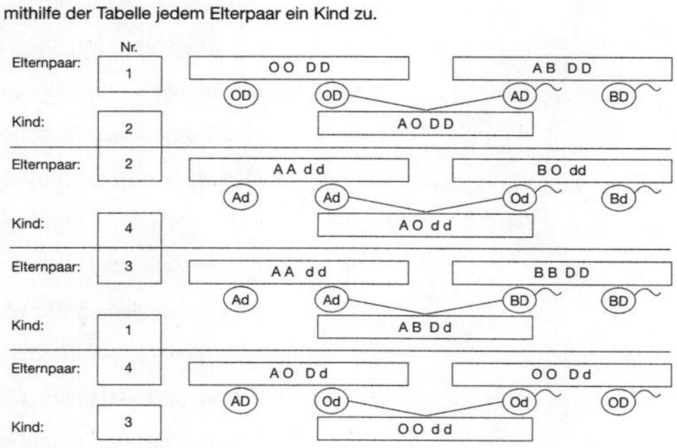

2. Welches Kind lässt sich nicht eindeutig zuordnen? Begründe deine Entscheidung.

Das Kind Nr. 4 könnte dem Ehepaar Nr. 2 oder 4 zugeordnet werden. Die Frau des Paares Nr. 4 könnte auch die Eizelle A,d bilden, sodass aus der Kombination Ad X Od das Kind AO dd entstehen kann.

Mutation oder Modifikation? — 38

Beispiel A: Es gibt Petuniensorten, die sich in ihrer Blütenfarbe unterscheiden.

1. Erkläre, wodurch die Färbung der Blüten beeinflusst wird.

Die Färbung wird durch Temperatur und Licht verursacht.

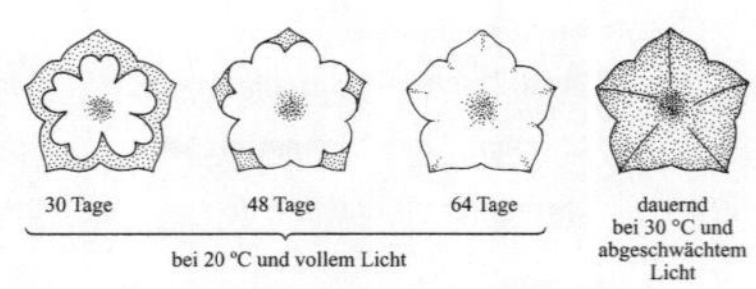

Beispiel B: Die ersten Russenkaninchen kamen um 1880 aus England nach Deutschland. Bei diesen überwiegend weißen Tieren sind Ohren, Schnauzenspitze, Pfoten und Schwanz schwarz gefärbt. Rasiert man schwarze Stellen, z.B. an der Nase und hält das Tier längere Zeit in warmen Ställen, so kann man rein weiße Tiere erhalten.

2. Warum sind gerade Ohren, Nasespitze, Pfoten und Schwanz von der Dunkelfärbung betroffen?

Diese Teile sind der Abkühlung stärker ausgesetzt als der übrige Körper.

Beispiel C: Von der Fruchtfliege Drosophila ist neben der normalflügeligen Form auch eine mit Stummelflügeln bekannt. Das nebenstehende Schema zeigt die Kreuzung zwischen einer stummelflügeligen und einer normalflügeligen Drosophila-Fliege.

3. Vervollständige das Schema.

4. Begründe für jedes der drei Beispiele, ob es sich dabei um Mutationen oder Modifikationen handelt.

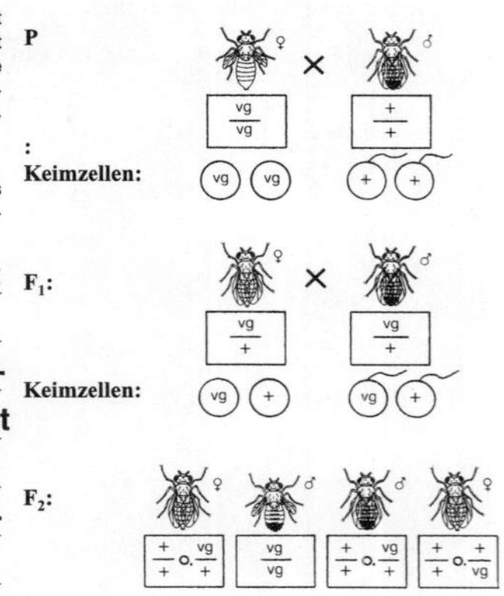

Bei den Beispieln A und B handelt es sich um Modifikationen. Sie werden durch Umweltveränderungen (Licht, Temperatur) verursacht und sind nicht erblich. Beispiel C beschreibt eine Mutation. Die Erblichkeit dieser Erbgutänderung und damit der Beweis für das Vorliegen einer Mutation wird durch das Erbschema erbracht.

Zellen, Vererbung, Verhalten, Evolution

Materialienheft
für die Klassenstufen 7–10

Bearbeitet von:
Annegret Dorn
Marlies Jentsch
Dr. Harald Kähler
Dr. Eckhard Philipp
Eckhard Pohl
Michael Walory

Unter Mitwirkung der Verlagsredaktion

Illustrationen
Brigitte Karnath-Eidner
Liselotte Lüddecke
Karin Mall
Susanne Thater

ISBN 3-507-**76845**-3

Druck A 5 4 3 2 1 / Jahr 2006 2005 2004 2003 2002

Alle Drucke der Serie A sind im Unterricht parallel verwendbar, da bis auf die Behebung von Druckfehlern unverändert. Die letzte Zahl bezeichnet das Jahr dieses Druckes.

Satz: O&S Satz GmbH, Hildesheim
Druck und Verarbeitung: Oeding Druck GmbH, Braunschweig

Inhaltsverzeichnis

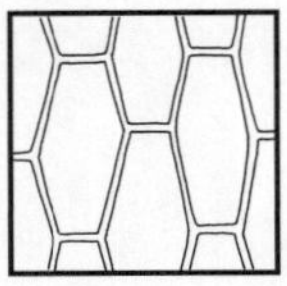

Cytologie

Das Lichtmikroskop 5
Das Auflösungsvermögen 6
Wachstum einer pflanzlichen Zelle 7
EM-Bild einer pflanzlichen Zelle 8
EM-Bild einer tierischen Zelle 9
Bau der Amöbe 10
Pantoffeltierchen 11
Verdauung beim Pantoffeltierchen 12
Teilung beim Pantoffeltierchen 13
Augentierchen (1) 14
Augentierchen (2) 15
Nahrungsbeziehungen im Heuaufguss 16

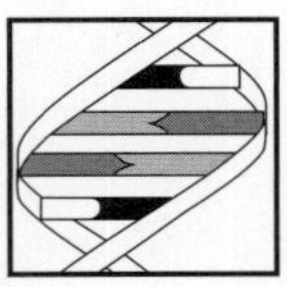

Vererbung

MENDELs Versuchsobjekt, die Gartenerbse 17
MENDELs Versuche und Ergebnisse (1) 18
MENDELs Versuche und Ergebnisse (2) 19
Dominant-rezessiver Erbgang mit einem Merkmalspaar 20
Dominant-rezessiver Erbgang mit zwei Merkmalspaaren 21
Intermediärer Erbgang bei der Nelke 22
Rückkreuzungen 23
Erbgang mit zwei Merkmalspaaren beim Löwenmäulchen 24
Erstellen und Auswerten von Karyogrammen (1) 25
Erstellen und Auswerten von Karyogrammen (2) 26
Erstellen und Auswerten von Karyogrammen (3) 27
Mitose und Zellteilung 28
Meiose 29
Kopplung von Erbanlagen 30
Entkopplung von Erbanlagen (1) 31
Entkopplung von Erbanlagen (2) 32
Der Feinbau der Chromosomen 33
Von der Erbinformation zum Protein 34
Roller und Nichtroller 35
Die Vererbung der totalen Farbenblindheit 36
Der Erbgang der Blutgruppen 37

Mutation oder Modifikation? 38
Erbe und Umwelt 39
Intelligenz – Erbe oder Umwelt? 40
Genetische Beratung 41
Klonen, ja oder nein? 42
Gentherapie kann heilen 43

Verhalten

Das Reiz-Reaktions-Prinzip bei Amseln 44
Attrappenversuche bei Amseln 45
Verhalten von Jungfischen eines Maulbrüters 46
Zugverhalten bei Gartengrasmücken 47
Lernvorgänge bei Hunden (1) 48
Lernvorgänge bei Hunden (2) 49
Nachfolgereaktion bei Entenküken 50
Verhaltensweisen verbessern sich 51
Lernen in der SKINNER-Box 52
Lernvorgänge bei Schimpansen 53
Lernvorgänge bei Menschen 54
Labyrinthversuche mit Menschen (1) 55
Labyrinthversuche mit Menschen (2) 56

Evolution

Fossilien 57
Altersbestimmung mit der Radiocarbonmethode 58
Tiere und Pflanzen der verschiedenen Erdze talter 59
Archaeopteryx 60
Verwandt oder nur ähnlich? (1) 61
Verwandt oder nur ähnlich? (2) 62
Bein gleich Bein? 63
Die Entwicklung der Scholle 64
Gemeinsame Merkmale – gemeinsame Vorfahren? 65
Rudimentäre Organe beim Menschen 66
Atavismus – oder woher stammen diese Merkmale? 67
LAMARCK und DARWIN im Vergleich 68
Mutation und Selektion 69
Experimente in der Evolution? 70
Artbildung bei Eichhörnchen 71
Neuwelt- und Altweltaffen 72
Evolution des Weizens 73
Vom Frosch zum Apollo 74

Inhaltsverzeichnis 4

Der aufrechte Gang 75
Der Mensch – ein Handwerker 76
Rekonstruktion von LUCY 77
Schädel-Puzzle 78
Wie sah der Neandertaler aus? 79
Ein Rätsel zur Evolution 80

Aufbau des Lichtmikroskops

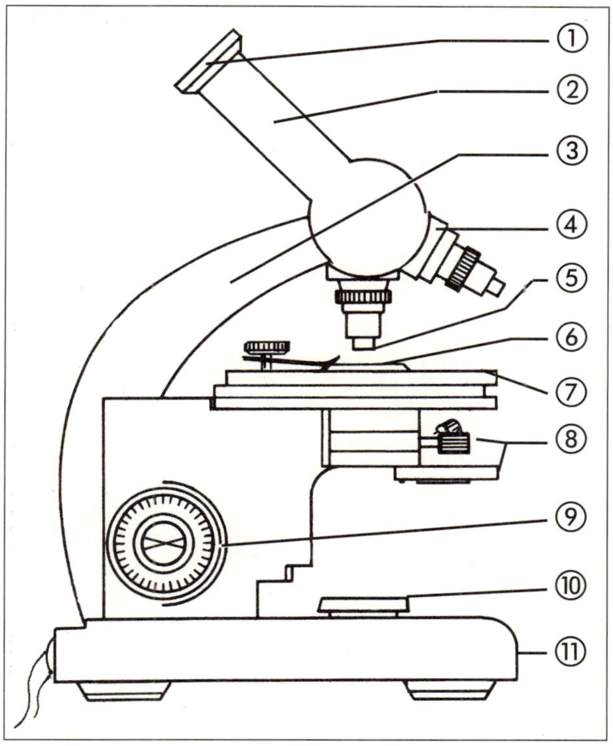

Strahlengang beim Lichtmikroskop

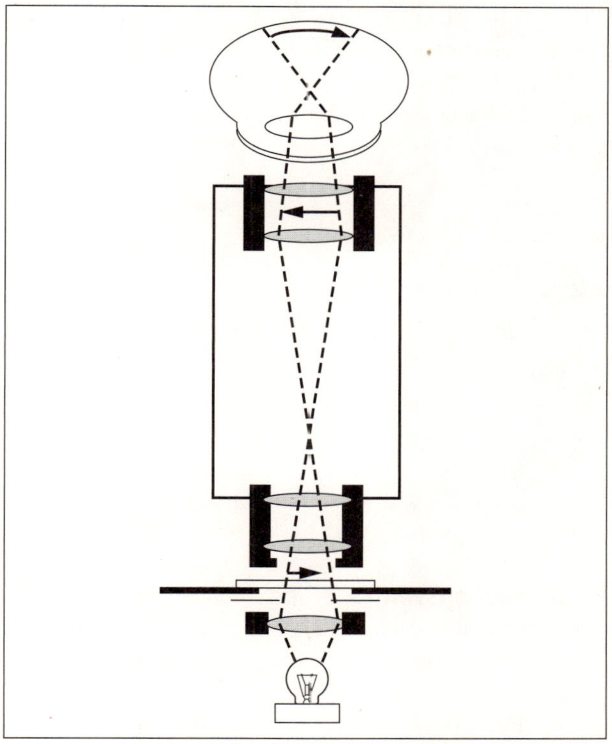

1. Benenne die Teile des Lichtmikroskops.

① ____________________

② ____________________

③ ____________________

④ ____________________

⑤ ____________________

⑥ ____________________

⑦ ____________________

⑧ ____________________

⑨ ____________________

⑩ ____________________

⑪ ____________________

2. Beschreibe den Strahlengang durch das Mikroskop und das Auge.

Das Auflösungsvermögen

Amöbe ~ 1 mm	Eizelle (Mensch) ~ 0,1 mm	Blutkörperchen (rot) ~ 0,01 mm	Coli-Bakterium 1 µm	Grippe-Virus (Dicke) 0,1 µm	Zellmembran 0,01 µm	Rohrzuckermolekül ~ 1 nm	Wasserstoffatom ~ 0,1 nm

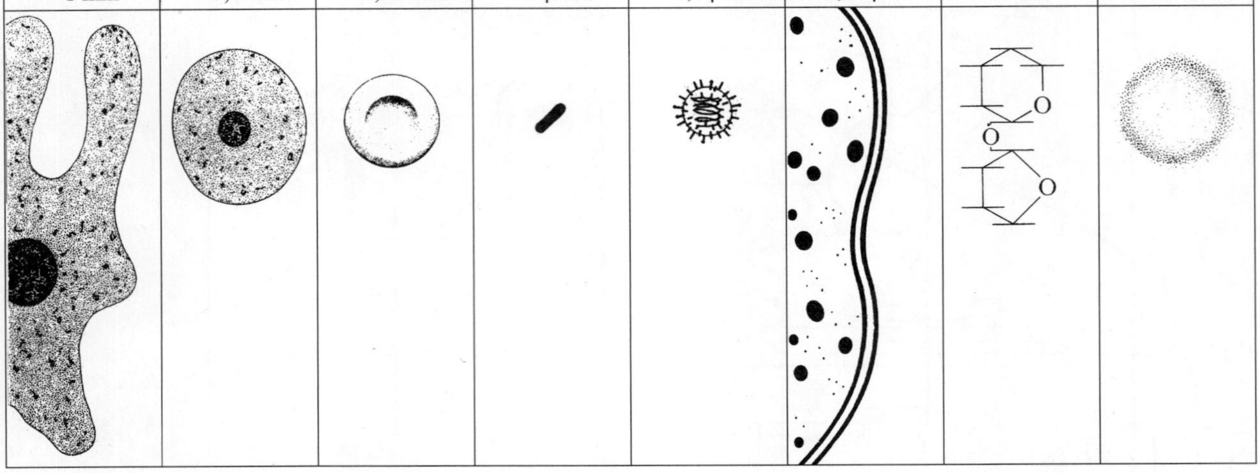

Als Auflösungsvermögen bezeichnet man den kleinsten Abstand zwischen zwei Punkten, den man noch getrennt wahrnehmen kann. Liegen zwei Objekte näher zusammen, so können sie nicht mehr getrennt auf der Netzhaut des Auges abgebildet werden.

Das Auflösungsvermögen des „unbewaffneten Auges" liegt bei 0,1 mm, für das Lichtmikroskop ergibt sich ein Wert von 0,4 µm und für das Elektronenmikroskop liegt der Wert bei ca. 2 nm.

Hilfestellung: 1 mm (sprich: Millimeter) = 1/1000 m = 10^{-3} m
1 µm (sprich: Mikrometer) = 1/1000 000 m = 10^{-6} m
1 nm (sprich: Nanometer) = 1/1000 000 000 m = 10^{-9} m

1. Gib am Beispiel der Abbildung an, bis in welche Bereiche man mit dem „unbewaffneten Auge", dem Lichtmikroskop und dem Elektronenmikroskop dringen kann.

2. In der Technik nutzt man das geringe Auflösungsvermögen des menschlichen Auges: Objekte erscheinen dem Betrachter einheitlich, sind aber in Wirklichkeit aus vielen einzelnen Punkten zusammengesetzt. Nenne Beispiele.

Wachstum einer pflanzliche Zelle

A

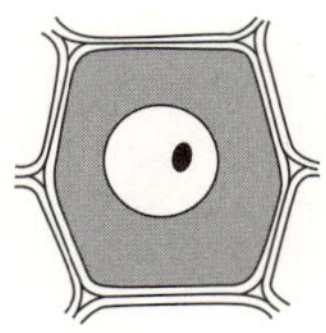

B

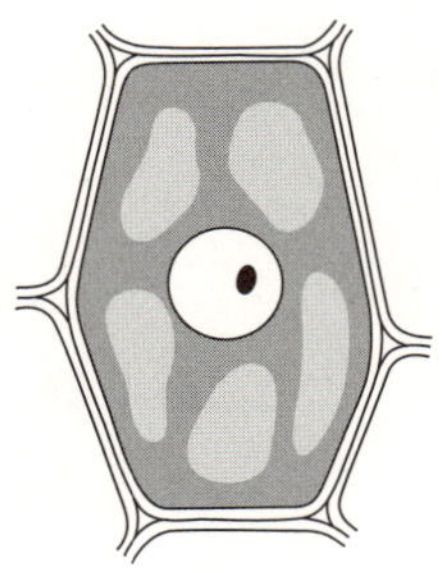

C

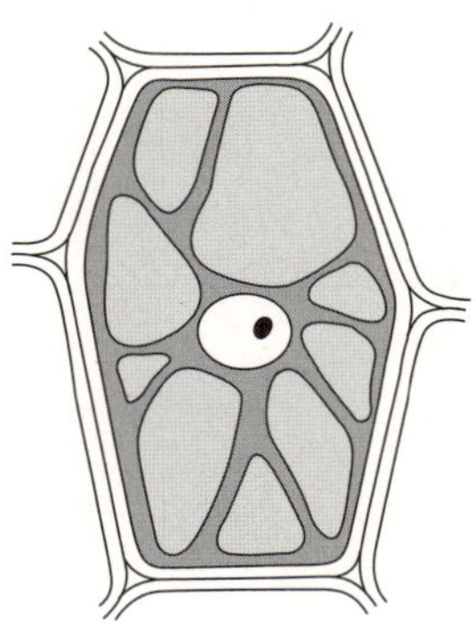

D

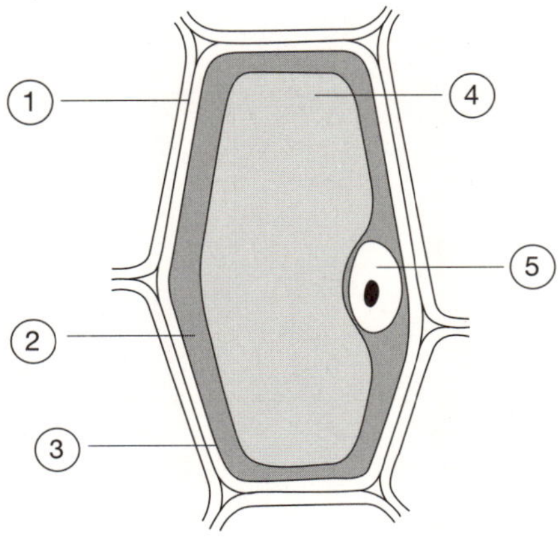

Aus embryonalen Pflanzenzellen werden im Laufe der Zeit die unterschiedlichen Zelltypen. Eine wichtige Rolle spielt dabei die zunehmende Wasseraufnahme der Zelle.

1. Beschreibe die Veränderungen von der embryonalen Pflanzenzelle (A) bis hin zur fertigen Dauerzelle (D):

2. Beschrifte die Abbildung D:

1 = ____________ 2 = ____________

3 = ____________ 4 = ____________

5 = ____________

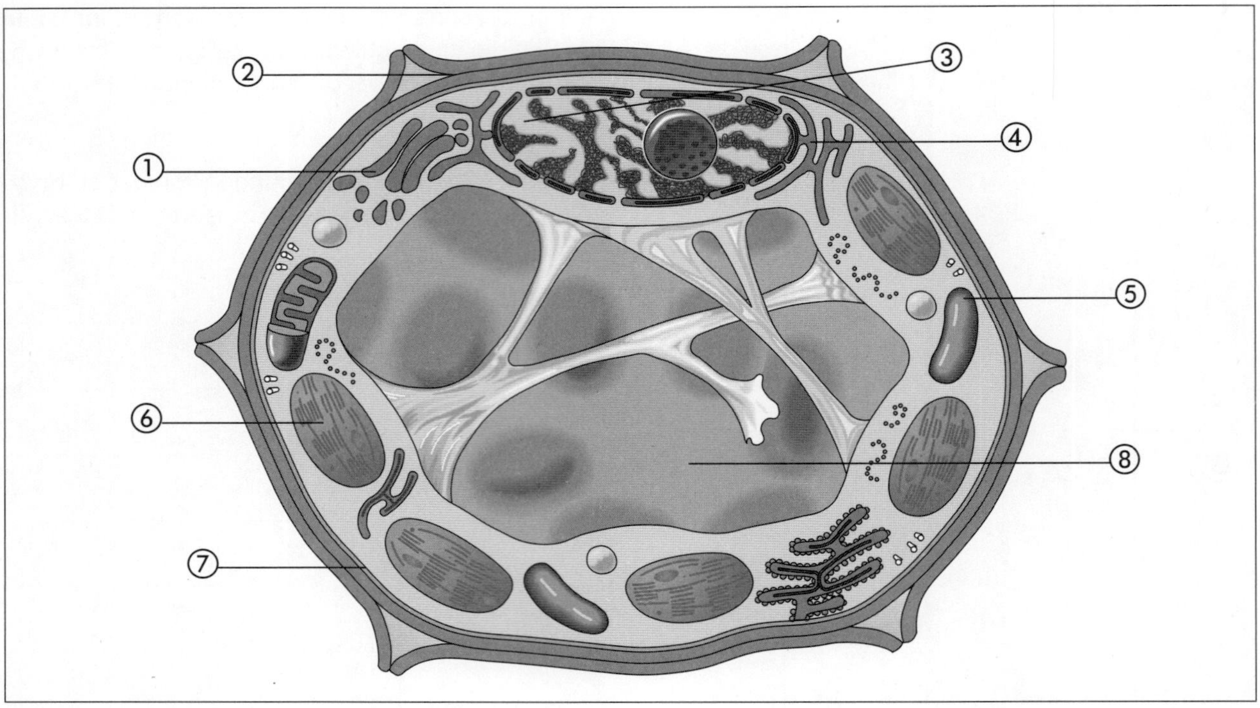

1. Ordne den Ziffern 1–8 des Modellbildes einer Pflanzenzelle die entsprechenden Fachbegriffe zu und gib ihre jeweilige Funktion an.

Nr.	Fachbegriff	Funktion
1		
2		
3		
4		
5		
6		
7		
8		

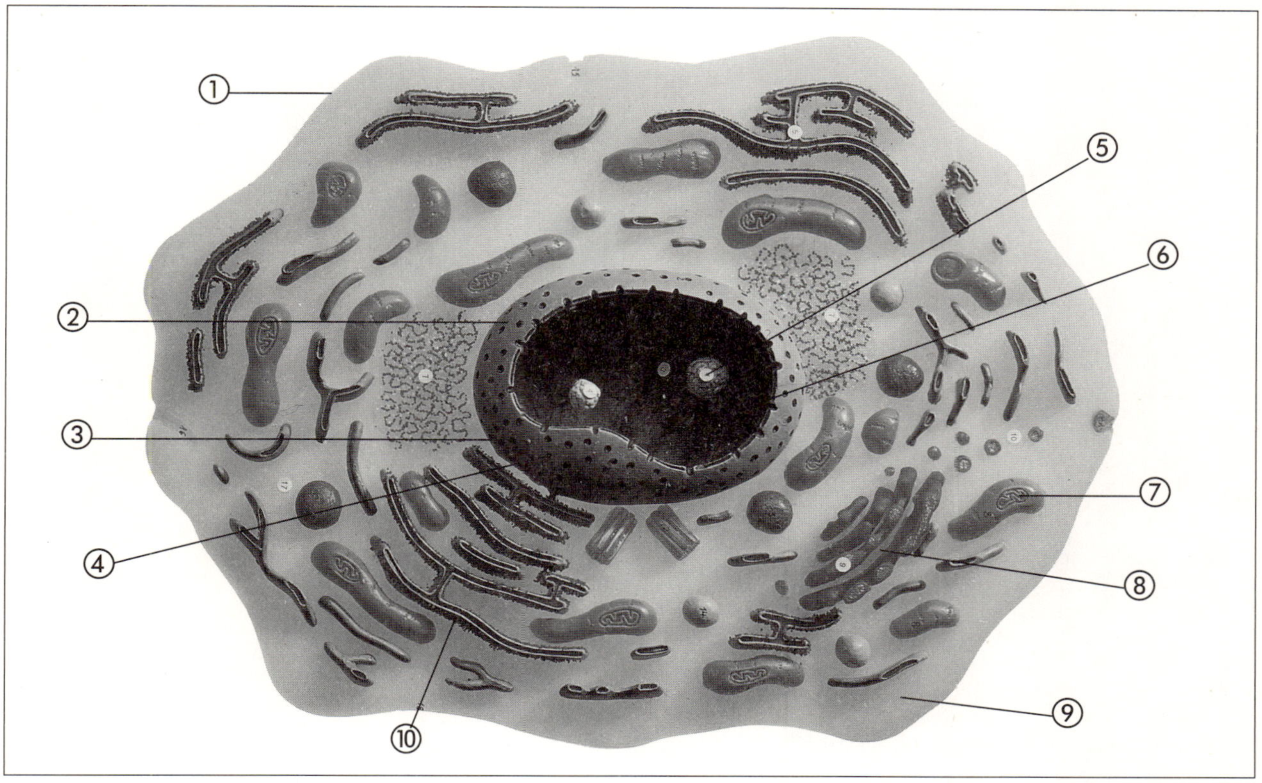

1. Ordne den Ziffern 1–10 des Modellbildes einer tierischen Zelle die entsprechenden Fachbegriffe zu.

Nr.	Fachbegriff	Nr.	Fachbegriff
1		6	
2		7	
3		8	
4		9	
5		10	

2. Vergleiche die tierische Zelle mit der pflanzlichen Zelle. Nenne Gemeinsamkeiten und Unterschiede zwischen beiden Zelltypen.

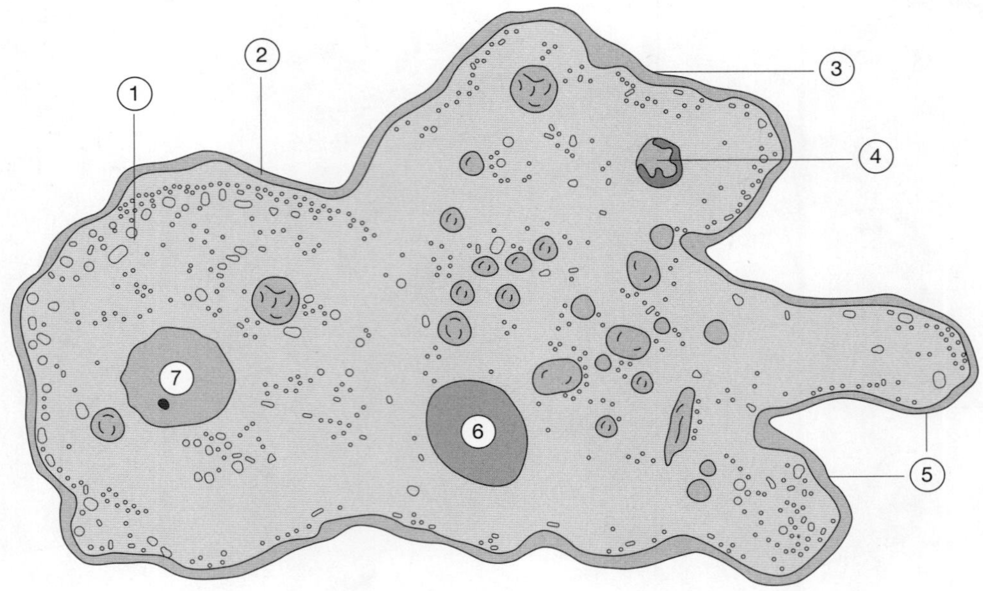

1. Benenne die Zellbestandteile einer Amöbe und gib ihre Funktion an.

Nr.	Zellbestandteil	Funktion
1		
2		
3		
4		
5		
6		
7		

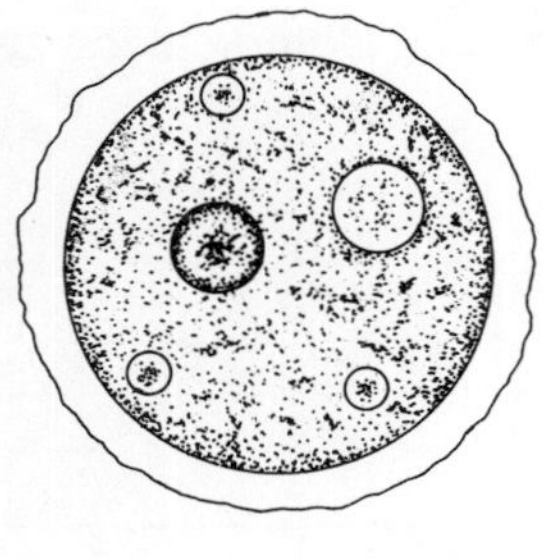

2. Die nebenstehende Abbildung zeigt die Dauerform einer Amöbe. Beschreibe ihre Gestalt und erkläre ihre Funktion.

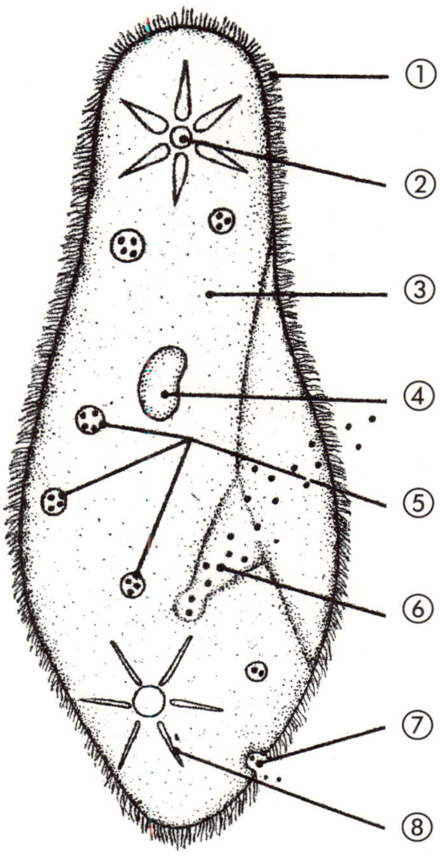

1. Beschrifte die Abbildung vom Aufbau eines Pantoffeltierchens.

Ein Tropfen mit Pantoffeltierchen wurde auf einen Objektträger gegeben. In die Mitte dieses Tropfens wurde ein Kochsalzkristall gegeben und die Reaktion der Pantoffeltierchen beobachtet:

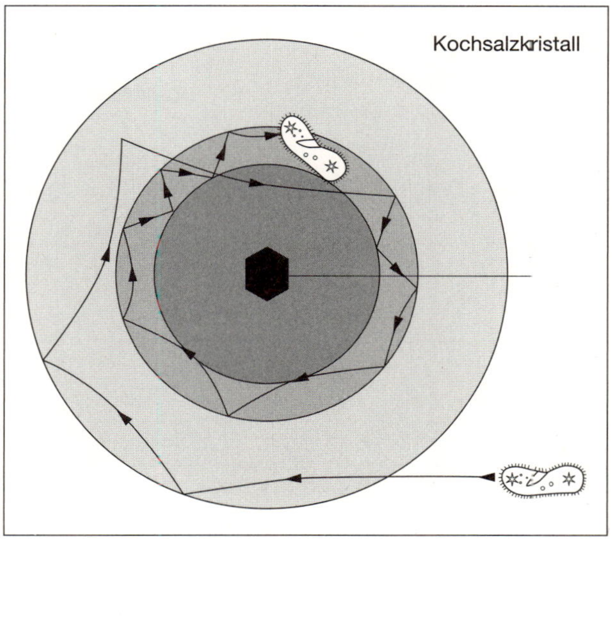

2. Beschreibe und erkläre das Versuchsergebnis.

Verdauung beim Pantoffeltierchen

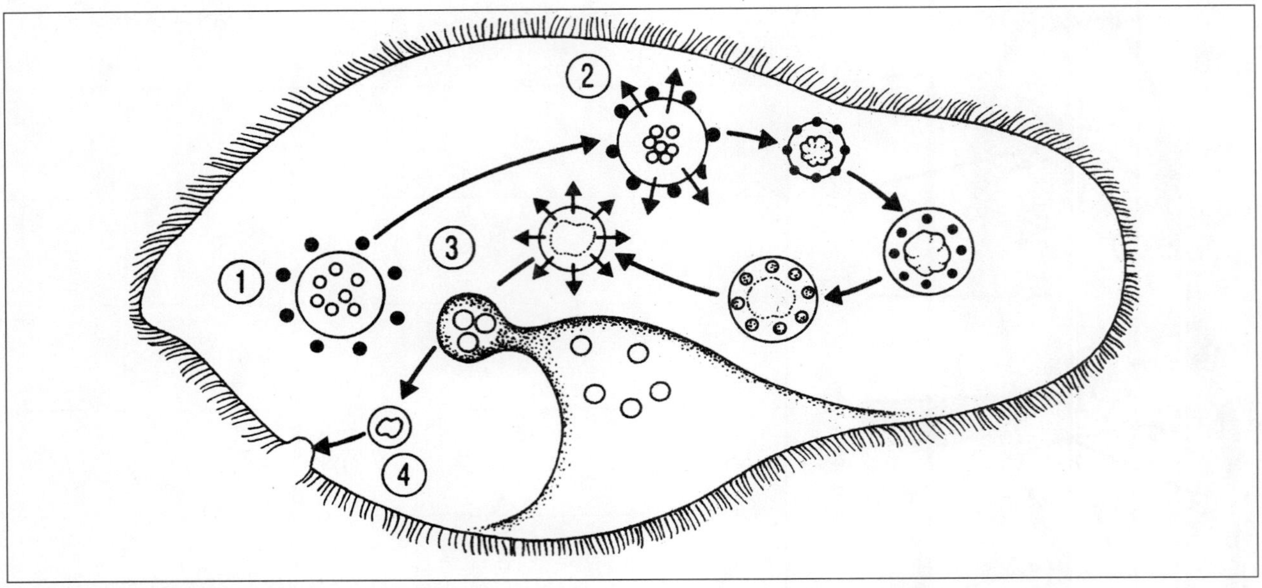

1. Beschreibe die Verdauung von Nahrungsbestandteilen beim Pantoffeltierchen.

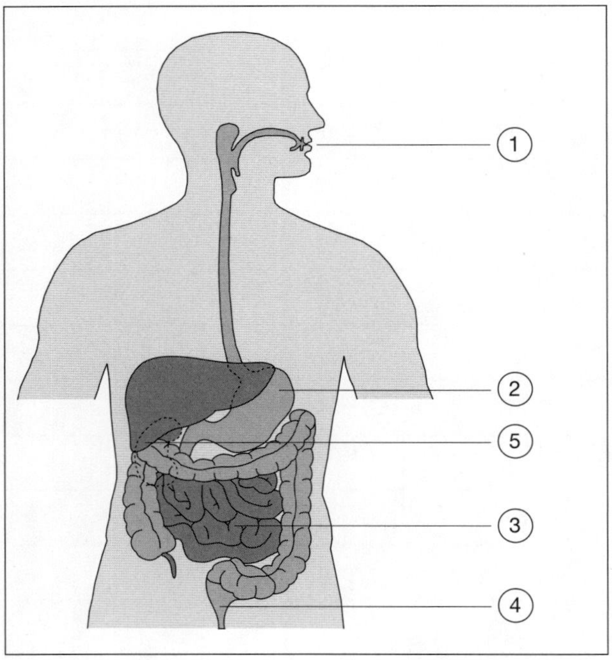

2. Vergleiche die menschliche Verdauung mit der des Pantoffeltierchens. Vervollständige dazu folgende Tabelle:

Mensch	Aufgabe	Pantoffeltierchen
1 Mund	Aufnahme von Nahrungsteilchen	Zellmund
2		
3		
4		
5		

Teilung beim Pantoffeltierchen

Die Abbildungen zeigen ungeordnete Momentaufnahmen während der Teilung eines Pantoffeltierchens:

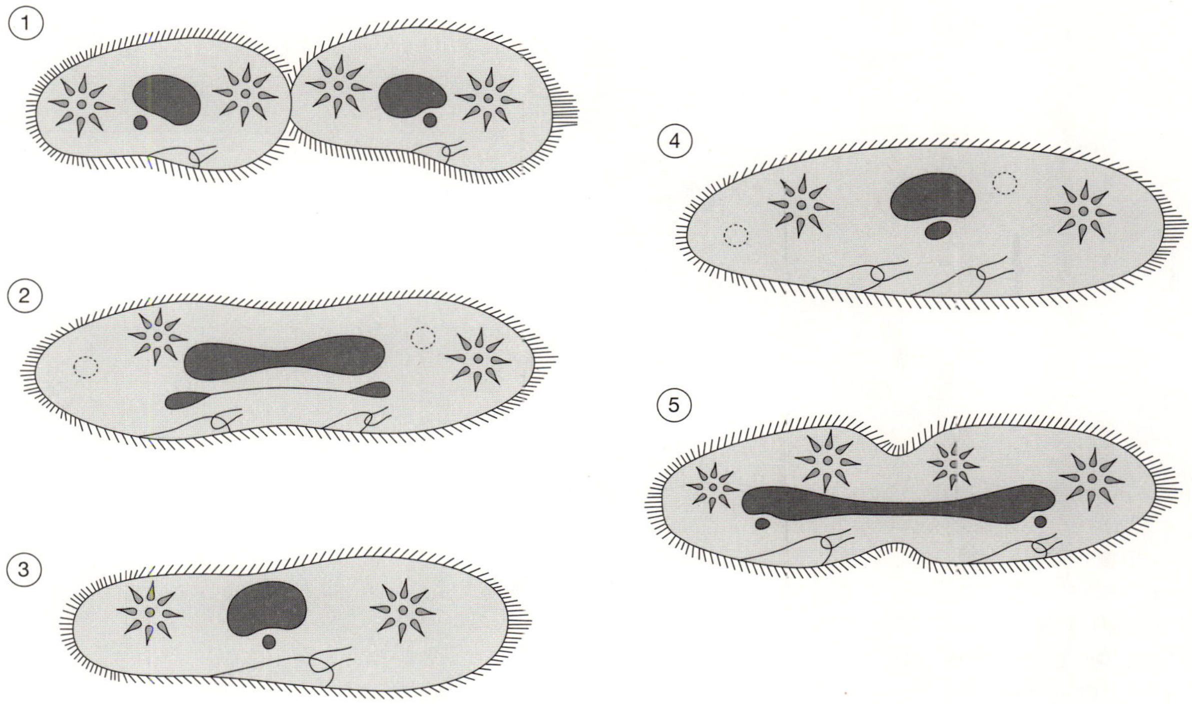

1. Notiere die richtige Reihenfolge der Abbildungen: ______________________________

2. Beschreibe die einzelnen Abbildungen.

1	
2	
3	
4	
5	

1. Beschrifte die Abbildung eines Augentierchens.

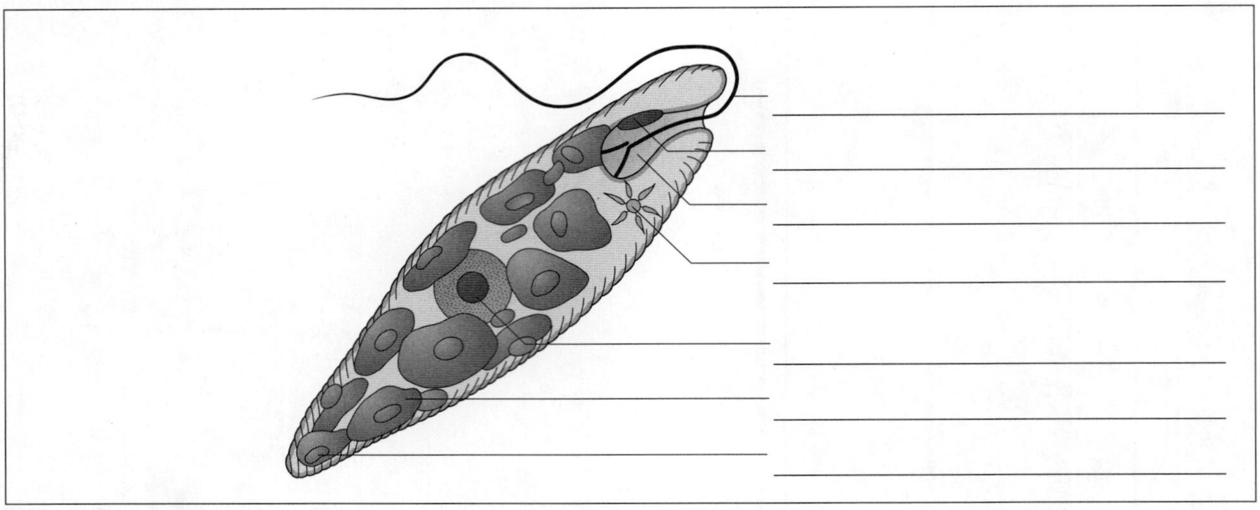

2. Schwemmt man den grünen Belag einer ausgetrockneten Pfütze in Wasser auf, so lassen sich die folgenden Veränderungen mikroskopisch beobachten. Beschreibe und erkläre die Beobachtungen.

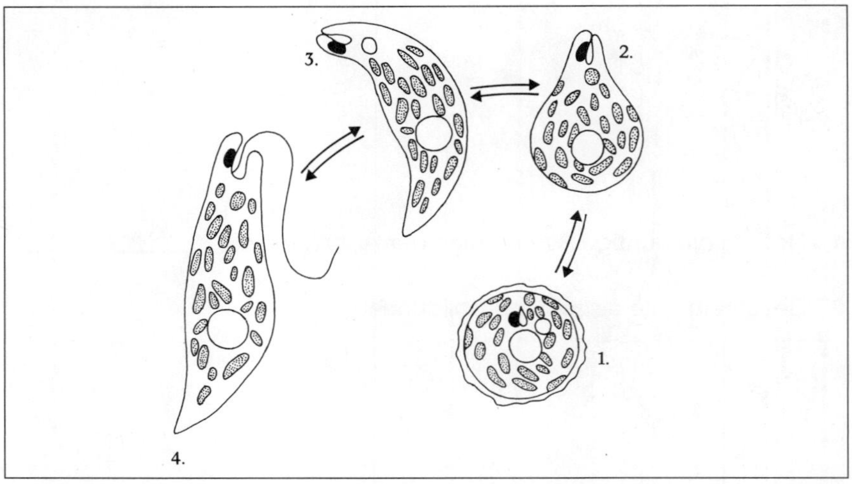

Augentierchen (2)

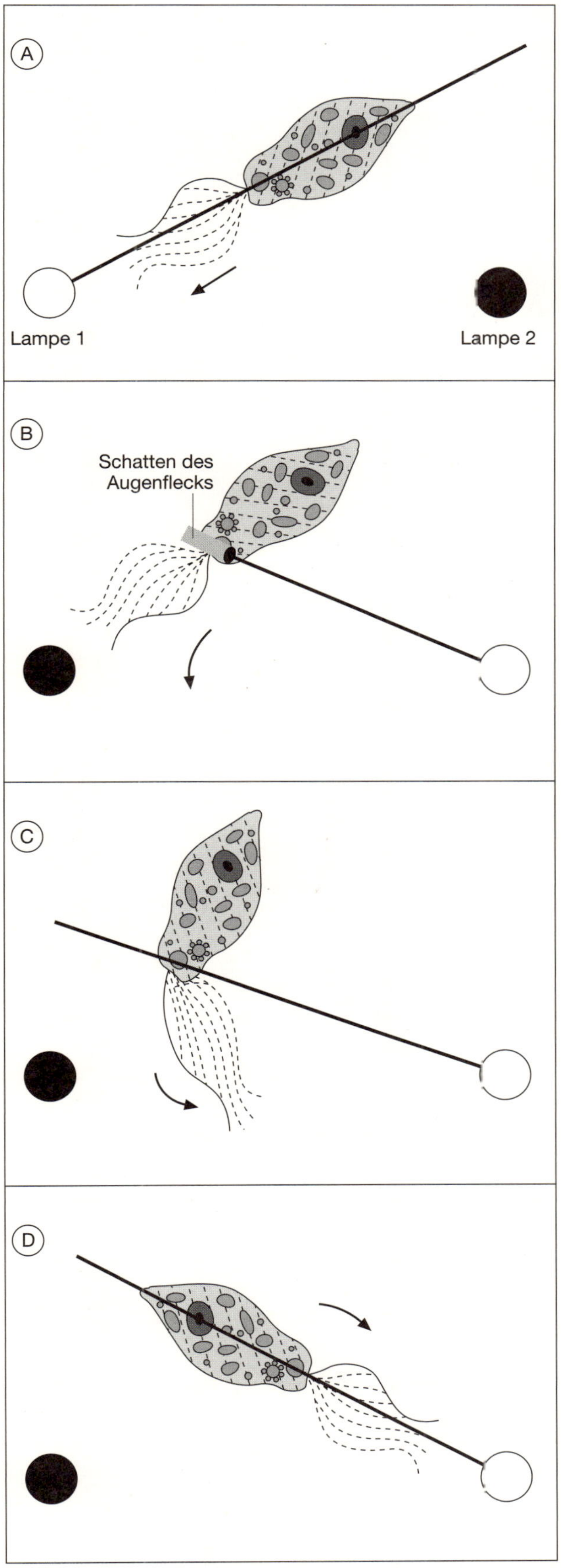

Orientierungsbewegungen nennt man Taxien. Ist die Bewegung zur Reizquelle hin gerichtet, spricht man von positiver Taxis, bei entgegengesetzter Richtung von negativer Taxis. Je nach Reizart unterscheidet man Fototaxis (Lichtreiz), Chemotaxis (chemischer Reiz) und Thigmotaxis (Berührungsreiz).

Ein Augentierchen wurde zunächst von Lampe 1 bestrahlt, anschließend wechselte die Lichtquelle (Abbildung B).

1. Beschreibe die Fortbewegung und Lichtorientierung beim Augentierchen und bezeichne sie mit einem Fachbegriff.

2. Äußere dich kritisch zum Namen *Augen*tierchen.

Nahrungsbeziehungen in einem Heuaufguss

Das nebenstehende vereinfachte Schema beschreibt die Nahrungsbeziehungen zwischen Bakterien, Augentierchen und Heutierchen in einem Heuaufguss.

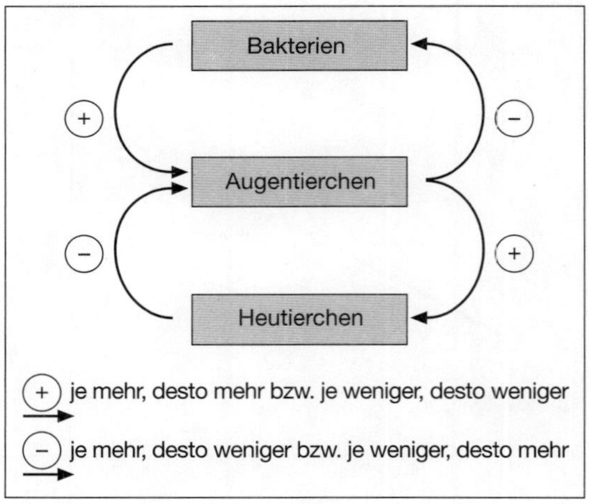

1. Beschreibe die dargestellten Nahrungsbeziehungen.

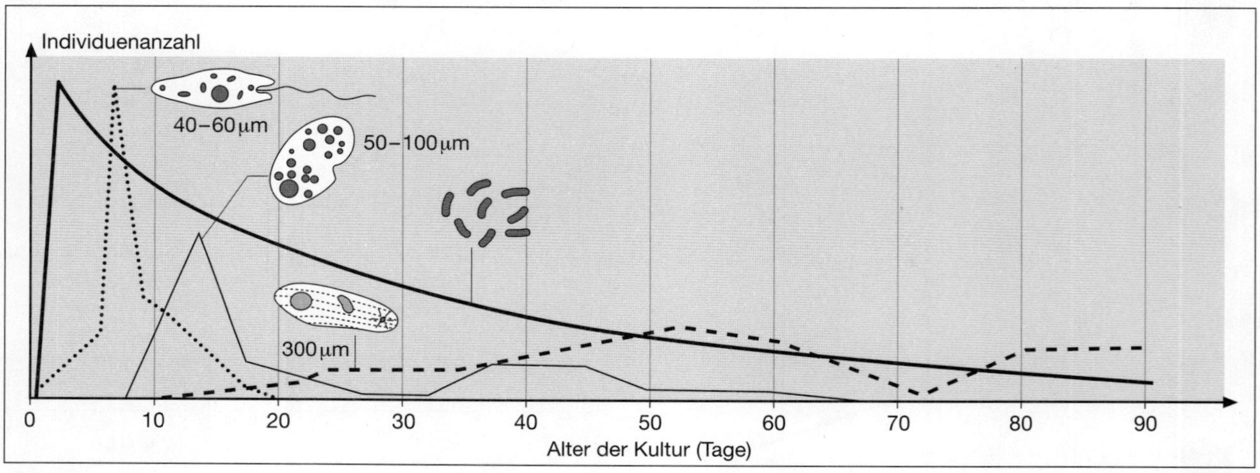

2. Beschreibe und erkläre die Veränderungen der Individuenanzahl in dem oben stehenden Diagramm.

MENDELs Versuchsobjekt, die Gartenerbse

Im Jahre 1857 begann der Augustinermönch Johann Gregor Mendel im Abteigarten seines Klosters mit Vererbungsversuchen. Als Versuchsobjekt wählte er die Gartenerbse. An diese stellte er die folgenden Anforderungen:

„Die Versuchspflanzen müssen notwendig

1. konstant differierende Merkmale besitzen,
2. Die Hybriden derselben müssen während der Blütezeit vor der Einwirkung jedes fremdartigen Pollens geschützt sein oder leicht geschützt werden können,
3. Dürfen die Hybriden und ihre Nachkommen in den aufeinanderfolgenden Generationen keine merkliche Störung der Fruchtbarkeit erleiden".

Mit den Erbsenpflanzen führte er die folgenden Vorversuche durch:

„Aus mehreren Samenhandlungen wurden im Ganzen 34 mehr oder weniger verschiedene Erbsensorten bezogen und einer zweijährigen Probe unterzogen... Alle [...] Sorten gaben durchaus gleiche und konstante Nachkommen, in den beiden Probejahren wenigstens war eine wesentliche Abänderung nicht zu bemerken".

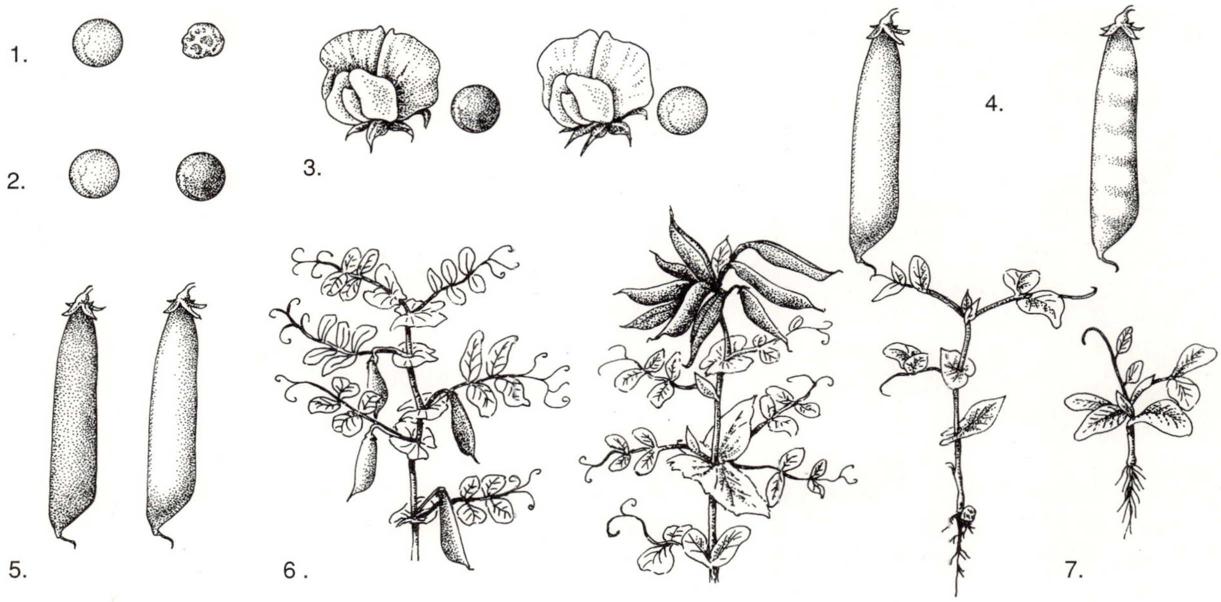

1. Benenne anhand der Abbildung einige der von MENDEL ausgewählten Merkmale der Erbsenpflanze.

2. Erläutere die drei Anforderungen, die MENDEL an seine Versuchspflanzen stellte.

3. Erkläre die Bedeutung der Vorversuche in deinem Heft.

MENDEL führte folgendes Kreuzungsexperiment durch:

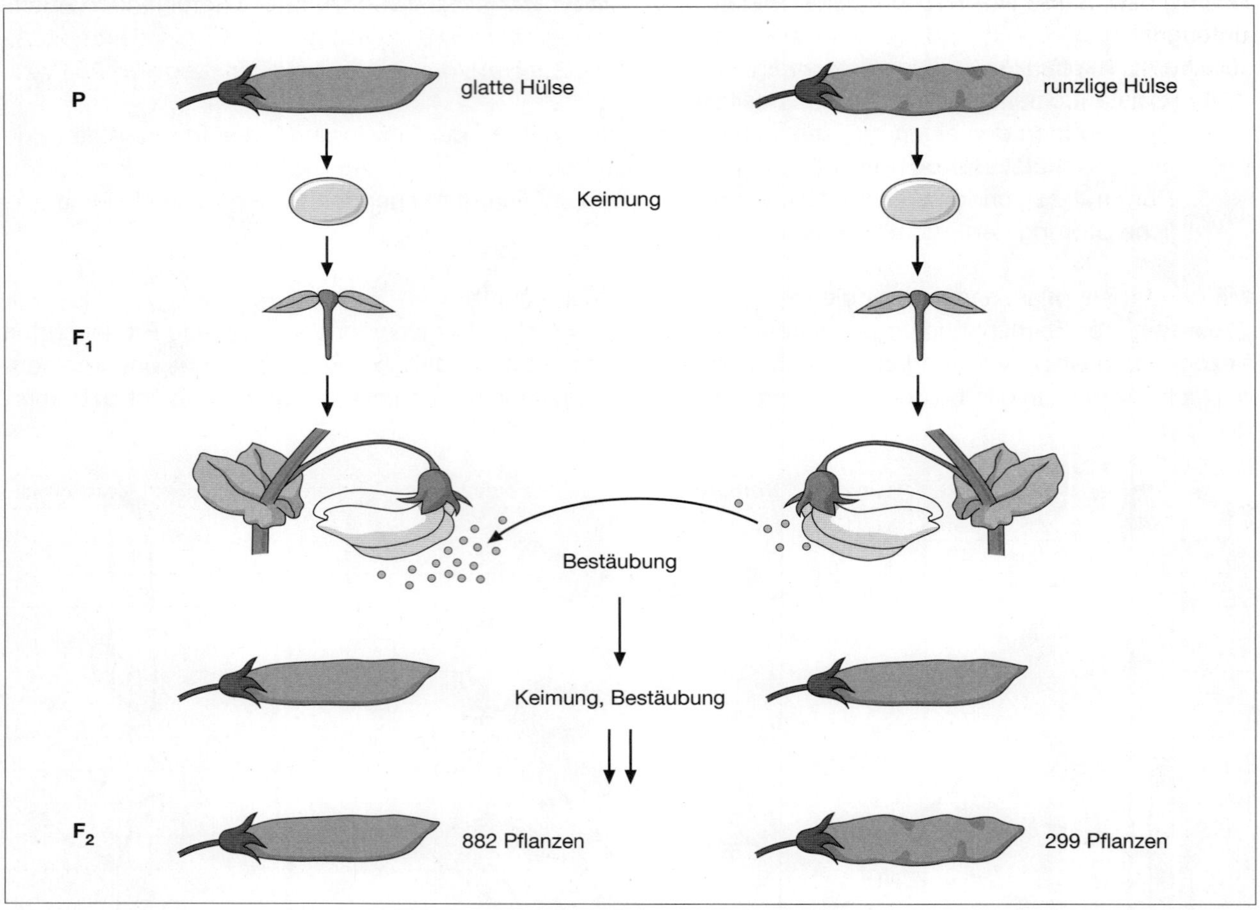

1. Beschreibe die in der Abbildung dargestellten Kreuzungsexperimente. Verwende dabei die folgenden Fachausdrücke: dominant, rezessiv, Parentalgeneration, Filialgeneration, Fremdbestäubung, Hybride, mischerbig, reinerbig, reziproke Kreuzung.

MENDELs Versuche und Ergebnisse (2)

MENDEL kreuzte in zwei Versuchsreihen Erbsenpflanzen, die sich in den Merkmalen Samengestalt (rund/runzlig) bzw. Samenfarbe (grün/gelb) unterschieden. Die entstehenden F_1-Individuen wurden anschließend untereinander gekreuzt und die Zahl der F_2-Nachkommen ermittelt. Die Tabelle gibt die Original-Ergebnisse für jeweils 10 einzelne Pflanzen wieder. Daneben ist das Gesamtergebnis nach Auszählung von 253 bzw. 258 Pflanzen aufgeführt.

1. Versuchsreihe

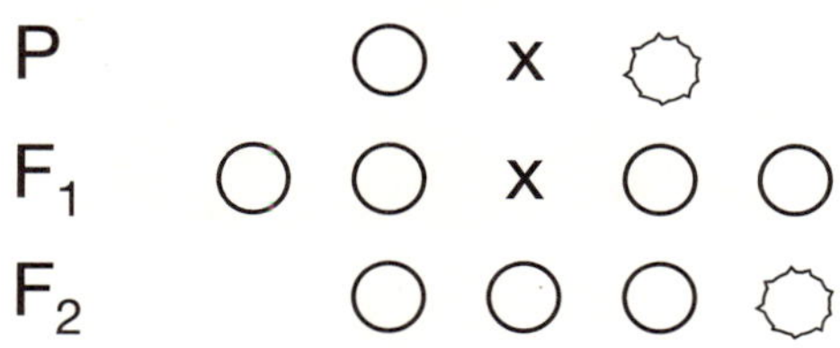

2. Versuchsreihe

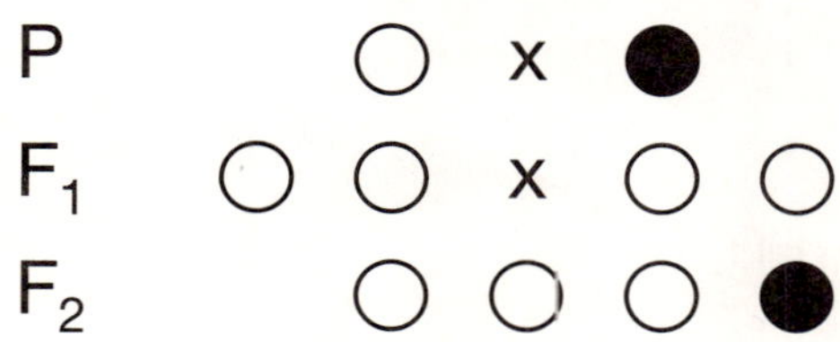

Pflanze	rund	runzlig	Verhältnis
1	45	12	
2	27	8	
3	24	7	
4	19	10	
5	32	11	
6	26	6	
7	88	24	
8	22	10	
9	28	6	
10	25	7	
Gesamtergebnis	5474	1850	

Pflanze	gelb	grün	Verhältnis
1	25	11	
2	32	7	
3	14	5	
4	70	27	
5	24	13	
6	20	6	
7	32	13	
8	44	9	
9	50	14	
10	44	18	
Gesamtergebnis	6022	2001	

1. Berechne das Aufspaltungsverhältnis für die 10 Pflanzen der beiden Versuchsreihen und für das Gesamtergebnis. Trage die Werte in die entsprechende Spalte ein.

2. Vergleiche die Einzelwerte mit dem Gesamtergebnis und erkläre die Unterschiede.

3. Leite aus den Versuchen die 1. und 2. Mendelsche Regel ab.

Dominant-rezessiver Erbgang mit einem Merkmalspaar

P

Erscheinungsbild

Erbbild in den Körperzellen

Keimzellen

F_1
Erscheinungsbild

Erbbild in den Körperzellen

F_2

Keimzellen der F_1-Generation

Erbbild in den Körperzellen und Erscheinungsbild

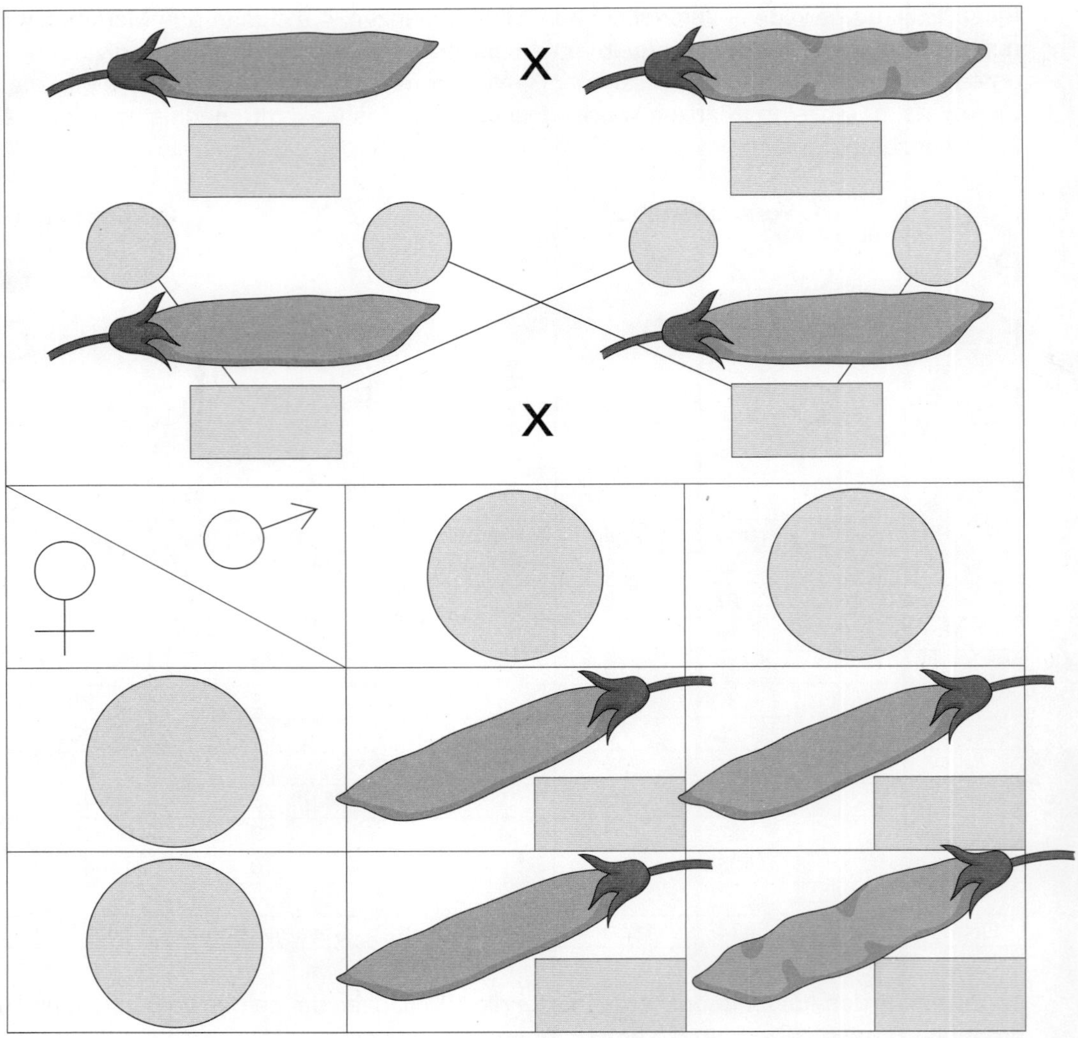

1. Welche Anlage wird dominant, welche rezessiv vererbt? Begründe deine Entscheidung.

____

____

2. Begründe, warum die Anlagen in den Körperzellen doppelt vorhanden sein müssen, in den Keimzellen jedoch nur einfach.

____

____

____

____

3. Vervollständige das Kreuzungsschema. Kennzeichne die dominanten bzw. rezessiven Anlagen mit den Buchstaben A bzw. a.

Dominant-rezessiver Erbgang mit zwei Merkmalspaaren

Es wurden reinerbige Erbsenpflanzen miteinander gekreuzt, die sich in den Merkmalen Hülsenform (glatt/runzlig) und Hülsenfarbe (gelb/grün) unterschieden:

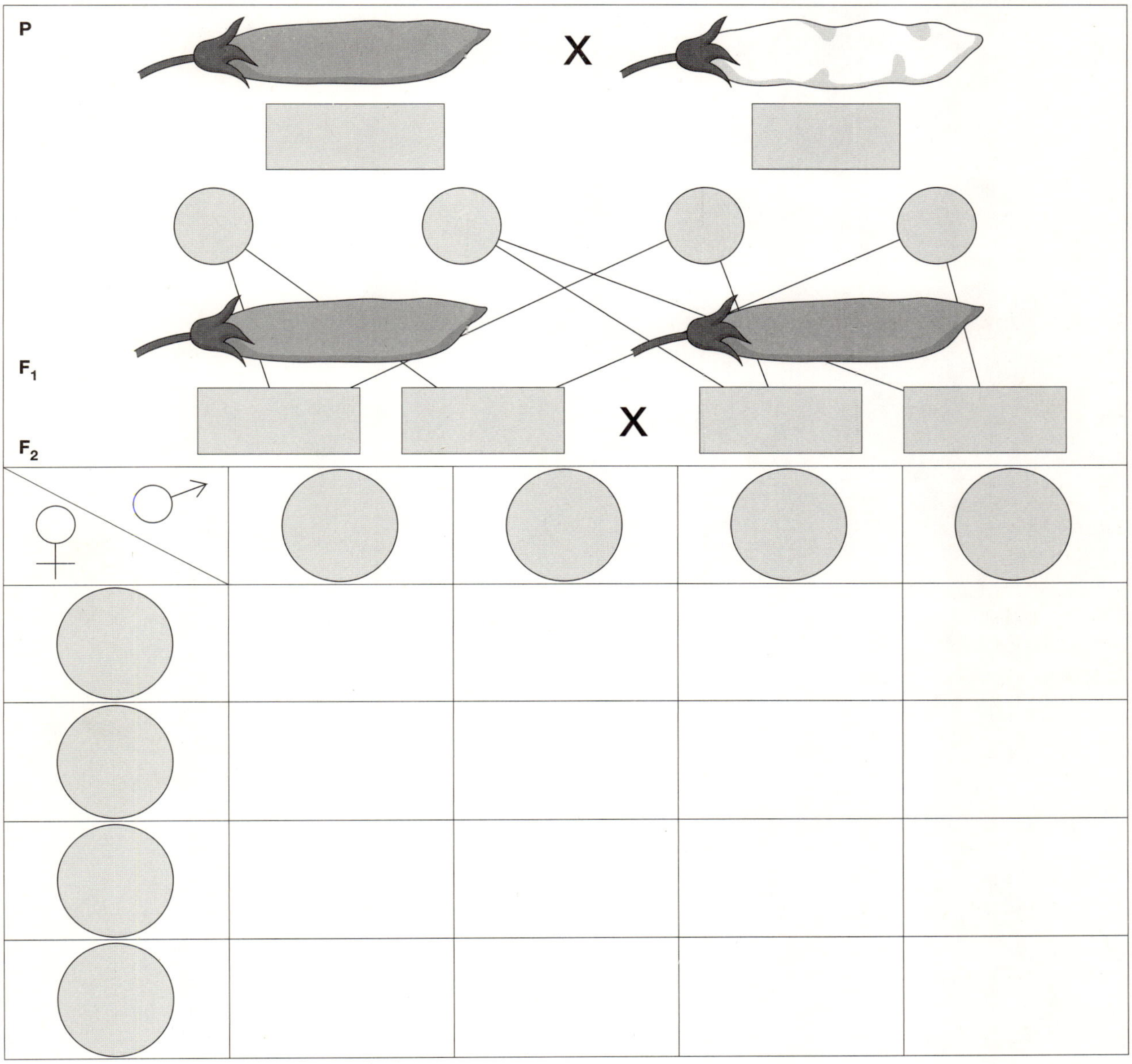

1. Begründe für jedes Merkmal, welche Anlage dominant und welche rezessiv vererbt wird.

2. Vervollständige das Kreuzungsschema. Kennzeichne dabei die dominanten bzw. rezessiven Anlagen für das Merkmal Hülsenform mit den Buchstaben *A* bzw. *a*, die für das Merkmal Hülsenfarbe mit den Buchstaben *B* bzw. *b*. Gib auch das Erscheinungsbild der jeweiligen F_2-Pflanzen an.

Intermediärer Erbgang bei der Nelke — 22

Es wurden reinerbige Nelkenpflanzen miteinander gekreuzt, die sich in dem Merkmal Blütenfarbe (rot/weiß) unterscheiden:

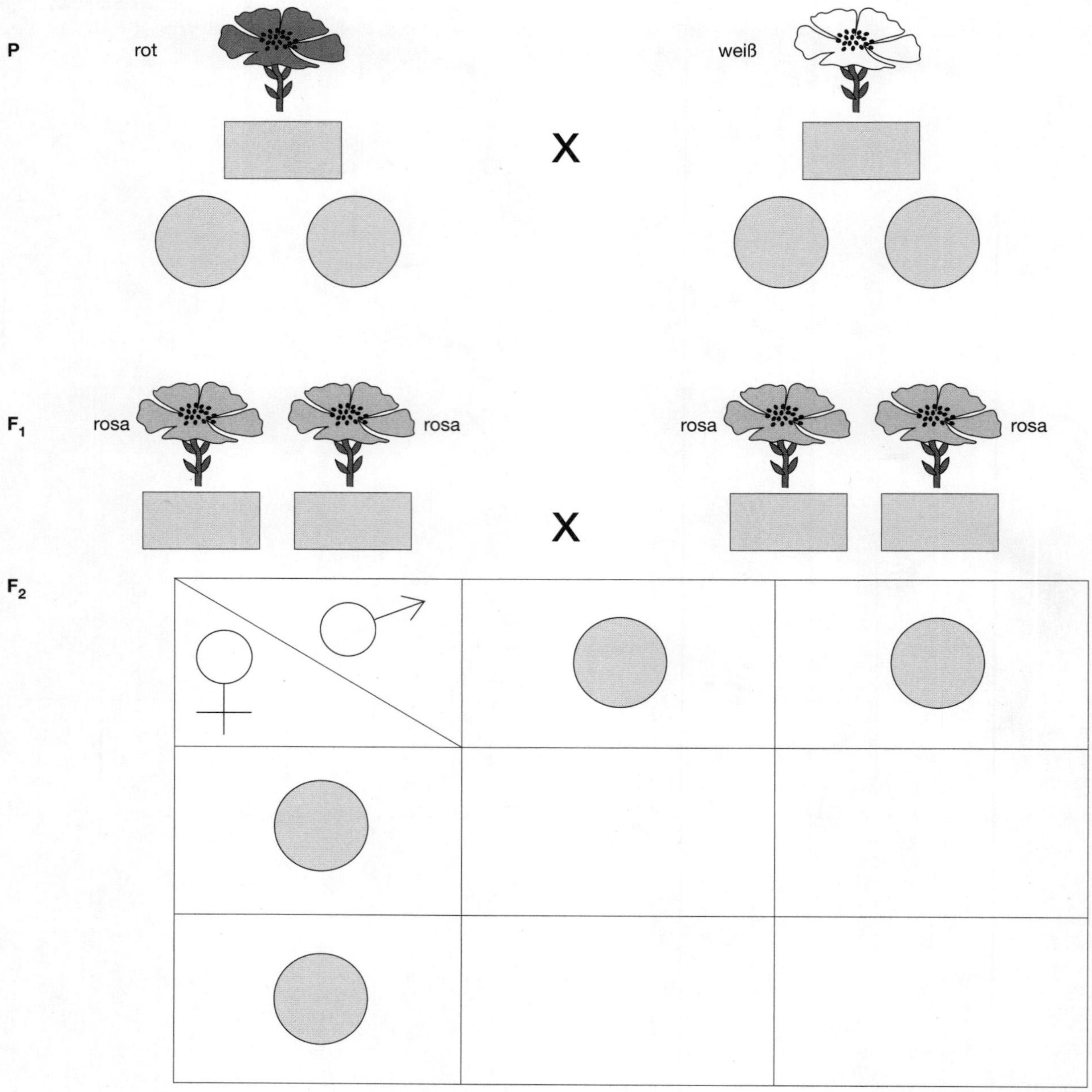

1. Vervollständige das Kreuzungsschema. Kennzeichne dabei die Anlage für die rote Blütenfarbe mit dem Buchstaben *r* und für die weiße Blütenfarbe mit dem Buchstaben *w*. Gib auch das Erscheinungsbild der F_2-Pflanzen an.

2. Überprüfe, ob die Mendelschen Regeln auch für diesen intermediären Erbgang gelten.

____

____

____

Rückkreuzungen

Erbsenpflanzen mit glatter Hülsenform und grüner Hülsenfarbe können verschiedene Erbbilder besitzen: Entweder sie sind mischerbig für beide Merkmale *(AaBb)* oder reinerbig *(AABB)*.
Bei einer Rückkreuzung werden die äußerlich nicht zu unterscheidenden Pflanzen mit reinerbig rezessiven Pflanzen gekreuzt. Die Ergebnisse dieser Kreuzungen erlauben dann eine Unterscheidung und die eindeutige Zuordnung zu einem der beiden Erbbilder.

R_1

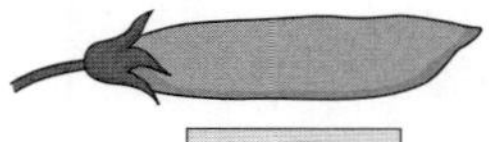 x 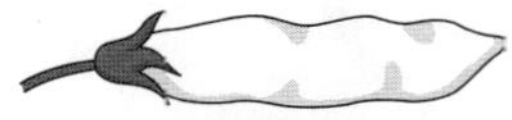

AaBb aabb

♀ \ ♂				

R_2

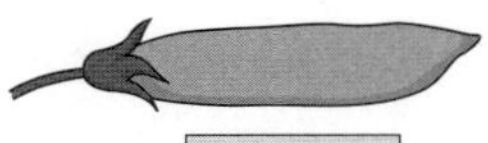 x 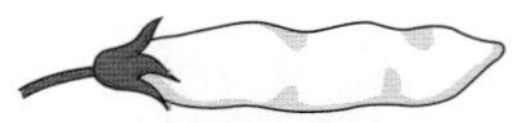

AABB aabb

♀ \ ♂				

1. Vervollständige die beiden Kreuzungsschemata.

2. Welche Erscheinungsbilder und welche Spaltungsverhältnisse ergeben sich bei der mischerbigen Pflanze, welche bei der reinerbigen Pflanze?

____

____

____

Erbgang mit zwei Merkmalspaaren beim Löwenmäulchen 24

Es wurden zwei reinerbige Löwenmaulrassen miteinander gekreuzt, die sich in der Blütenform (rachenförmig/primelförmig) und der Blütenfarbe (rot/weiß) unterscheiden:

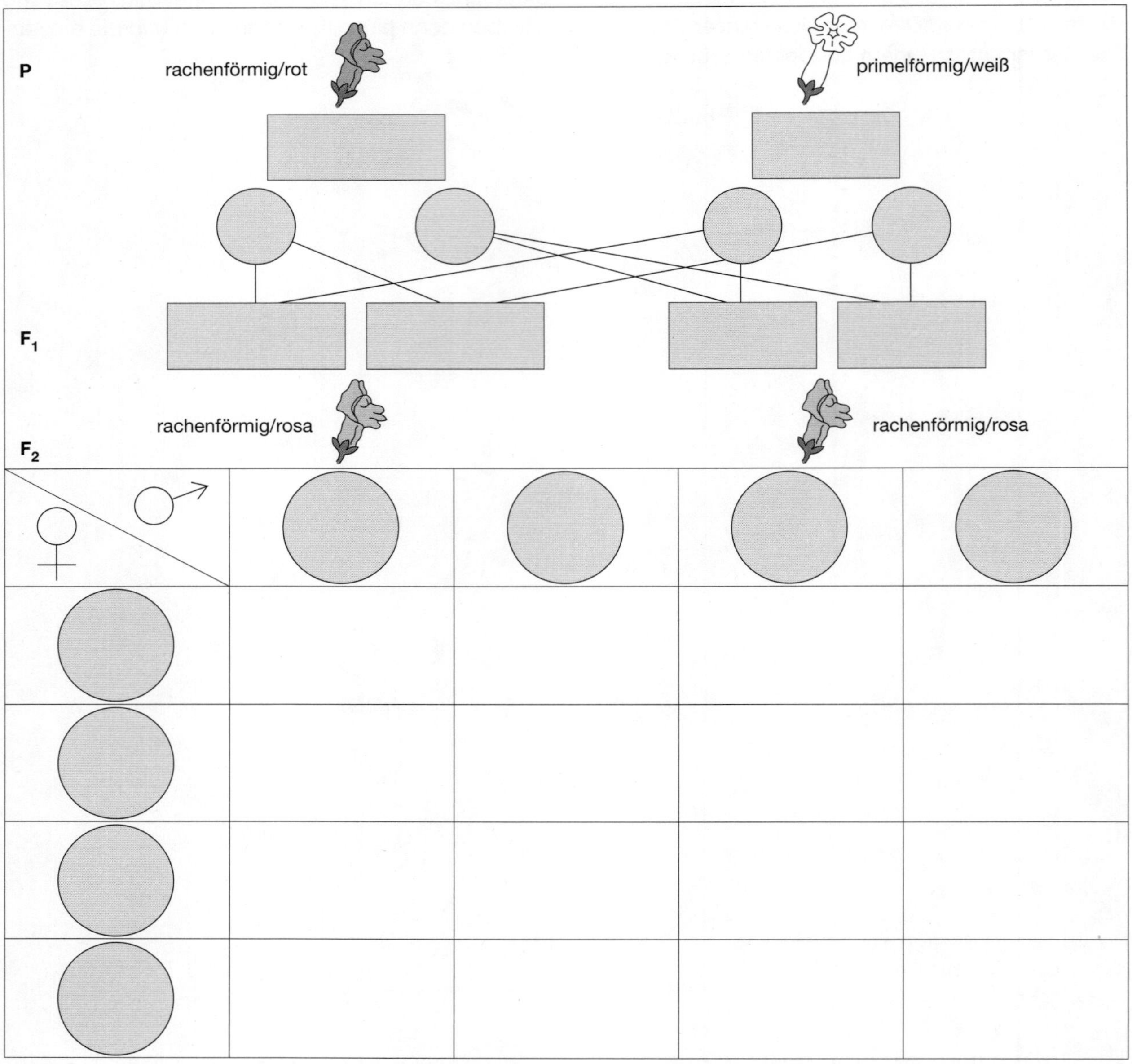

1. Begründe getrennt für jedes Merkmal, ob es dominant-rezessiv oder intermediär vererbt wird.

2. Vervollständige das Kreuzungsschema. Kennzeichne dabei die Anlagen für die Blütenform mit den Buchstaben *Z* bzw. *z*, die für Blütenfarbe mit den Buchstaben *r* bzw. *w*.

Erstellen und Auswerten von Karyogrammen (1)

Für die Diagnose von Erbkrankheiten spielen Karyogramme eine wichtige Rolle. Mit ihrer Hilfe lassen sich Abweichungen von der normalen Chromosomenanzahl und Strukturveränderungen einzelner Chromosomen erkennen. Zur Chromosomenanalyse werden Metaphasestadien sich teilender Zellen fotografiert und die vergrößerten Chromosomen ausgeschnitten. Anschließend ordnet man sie entsprechend einem international vereinbarten Schema zu Paaren an.

1 1 2 2 3 3 4 4 5 5

6 6 7 7 8 8 9 9 10 10 11 11 12 12

13 13 14 14 15 15 16 16 17 17 18 18 Y

19 19 20 20 21 21 22 22 X X

1. Schneide aus dem folgenden Blatt 1 die ungeordneten Chromosomenabbildungen mit den zugehörigen Nummern aus und lege sie zu Paaren zusammen. Übertage die Paare dann in das oben stehende Schema eines Karyogramms.

2. Nach welchen Kriterien werden die Chromosomen in den Karyogrammen angeordnet?

____

____

3. Erstelle ein weiteres Karyogramm aus Blatt 2. Vergleiche die beiden Karyogramme. Stelle Gemeinsamkeiten und Unterschiede fest.

____

____

____

Erstellen und Auswerten von Karyogrammen (2)

Blatt 1: Ungeordneter Chromosomensatz eines Menschen

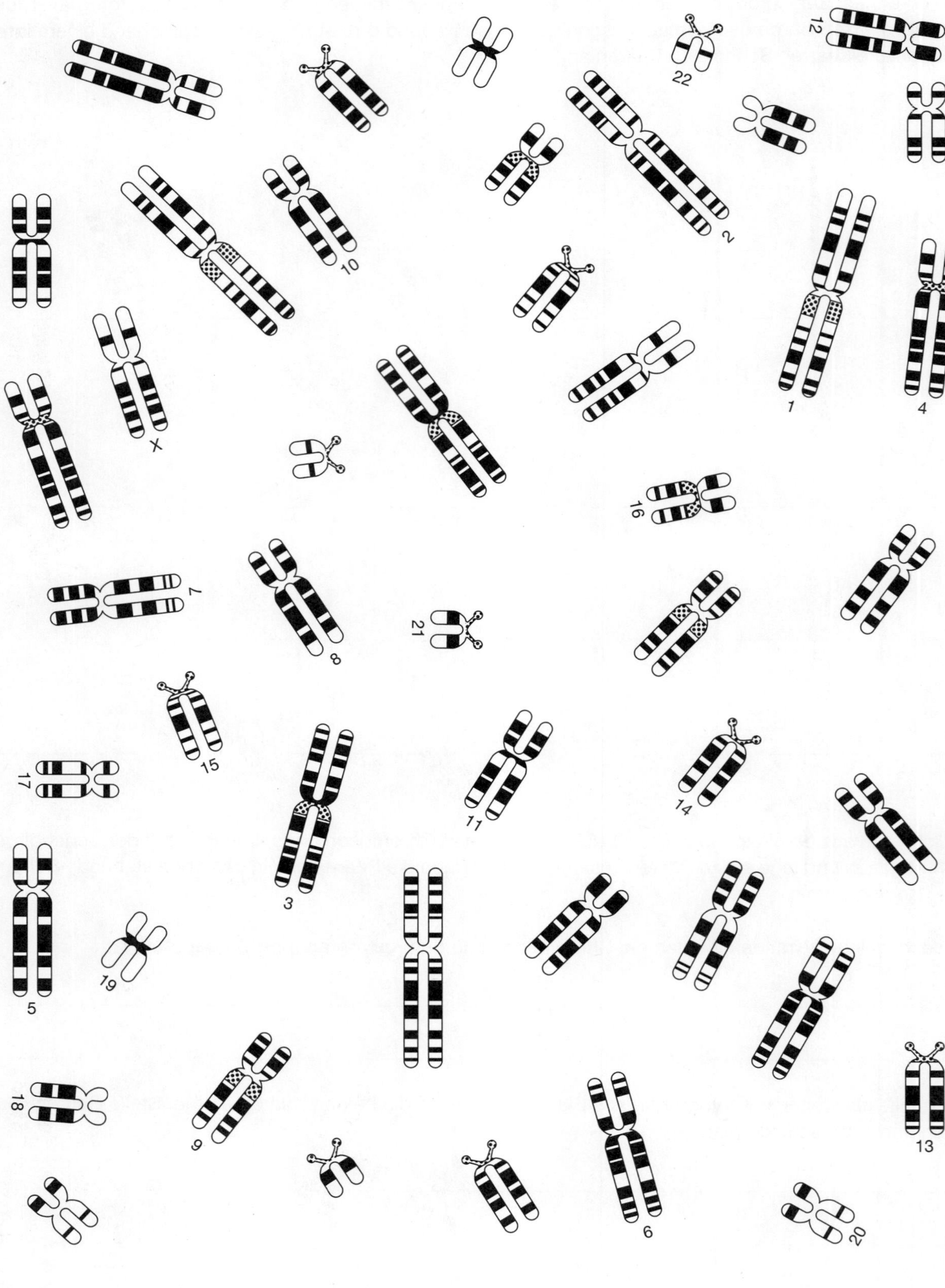

Blatt 2: Ungeordneter Chromosomensatz eines Menschen

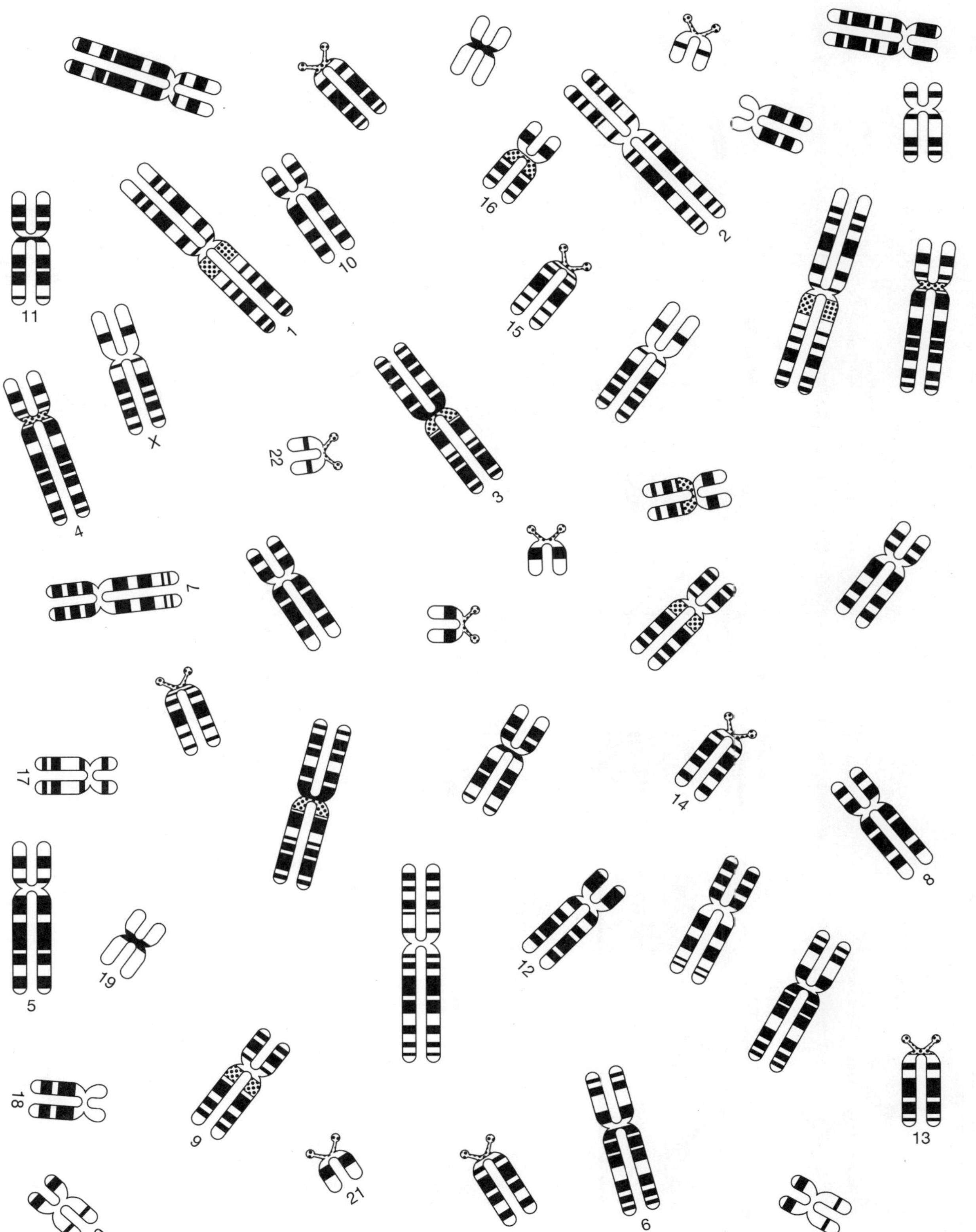

Mitose und Zellteilung

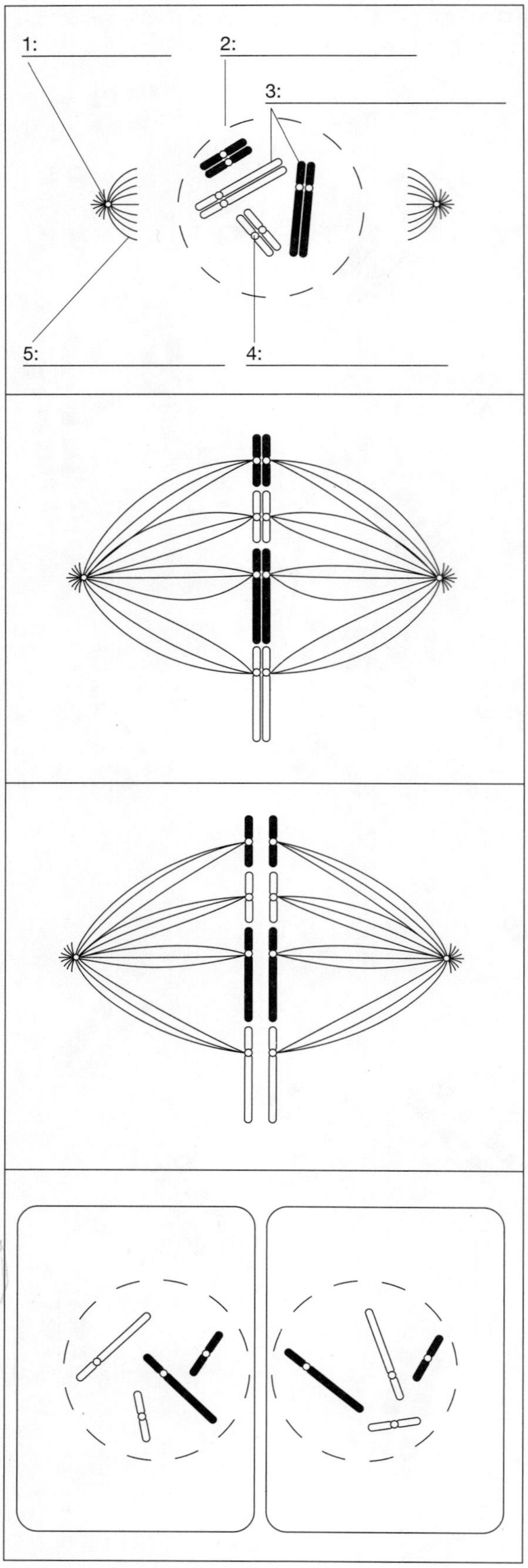

1. Beschrifte die Abbildung.

2. Beschreibe mithilfe der einzelnen Abbildungen die Zellteilungsvorgänge während der Mitose.

Prophase:

Metaphase:

Anaphase:

Telophase:

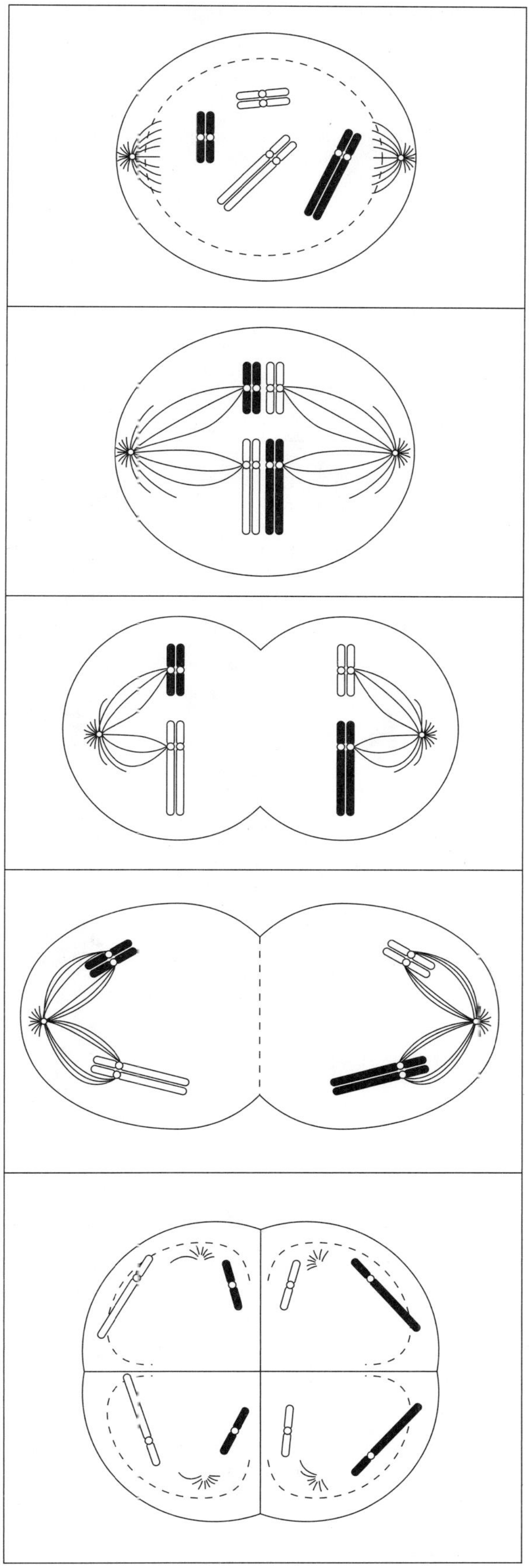

Beschreibe anhand der Abbildungen die einzelnen Phasen der Meiose.

1. Reifeteilung:
Prophase I:

Metaphase I:

Anaphase I:

Telophase I:

2. Reifeteilung:

Kopplung von Erbanlagen

Untersucht wurde die Vererbung der Merkmale Körperfarbe (grau/schwarz) und Flügellänge (langflügelig/kurzflügelig) bei der Fruchtfliege. Die Anlage für die graue Körperfarbe (Symbol: *G*) ist dominant über die für schwarze Körperfarbe *(g)*. Die langflügelige Anlage *(F)* ist dominant über die kurzflügelige Anlage *(f)*.

Mischerbige Männchen mit grauer Körperfarbe und langen Flügeln wurden mit reinerbigen Weibchen gekreuzt, die eine schwarzen Körperfarbe und kurze Flügel besaßen.

Erwartetes Ergebnis:

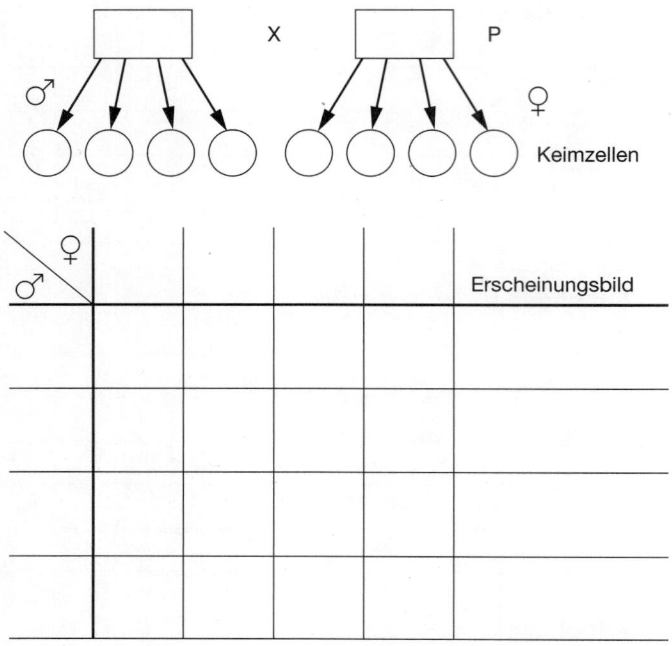

Beobachtetes Ergebnis:

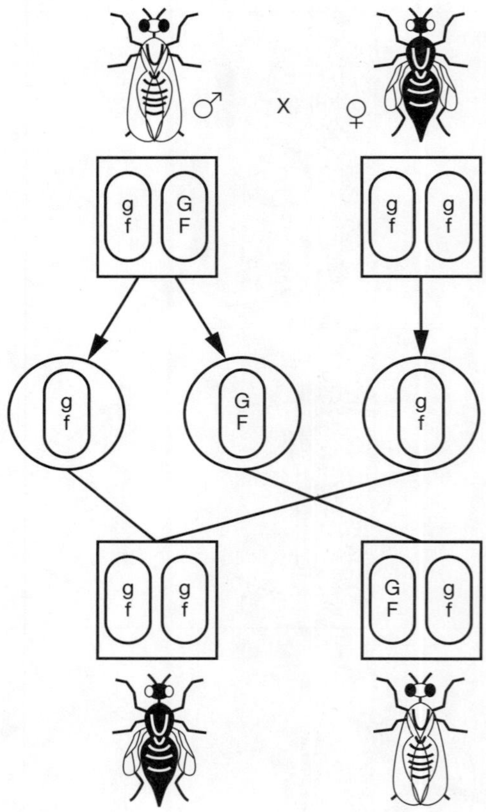

1. Vervollständige das Kreuzungsschema.

2. Vergleiche das erwartete Aufspaltungsverhältnis in der F_1-Generation mit dem tatsächlich beobachteten Spaltungsverhältnis. Wie lässt sich dieses Ergebnis erklären?

Entkopplung von Erbanlagen (1)

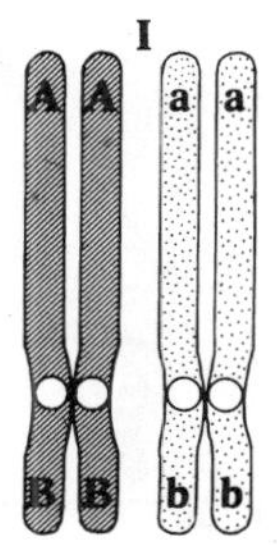	
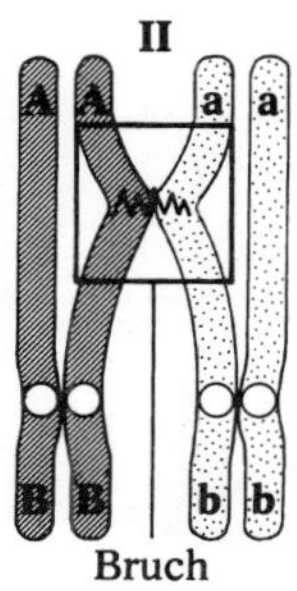	
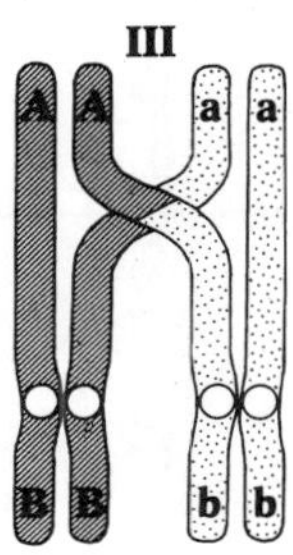	
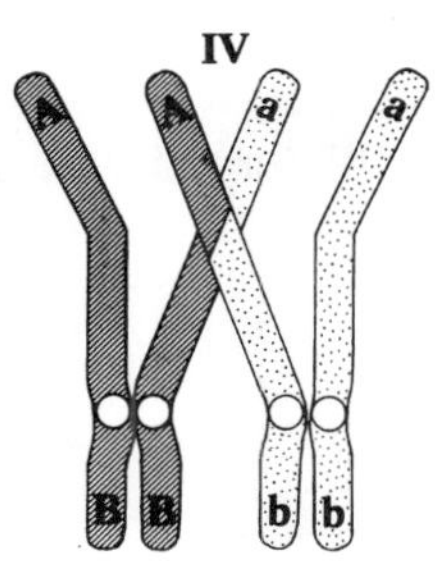	
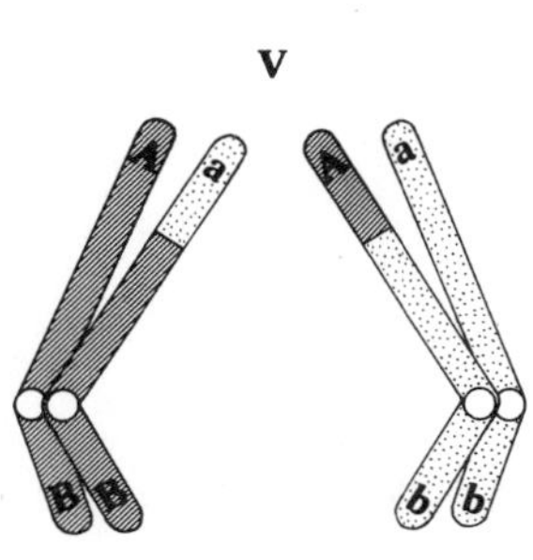	

1. Beschreibe die abgebildeten Vorgänge. Benutze dabei die folgenden Ausdrücke: Crossing-over, Zwei-Chromatiden-Chromosom, homologe Chromosomen, Meiose.

Mischerbige Weibchen mit grauer Körperfarbe und langen Flügeln wurden mit reinerbigen Männchen gekreuzt, die eine schwarzen Körperfarbe und kurze Flügel besaßen.

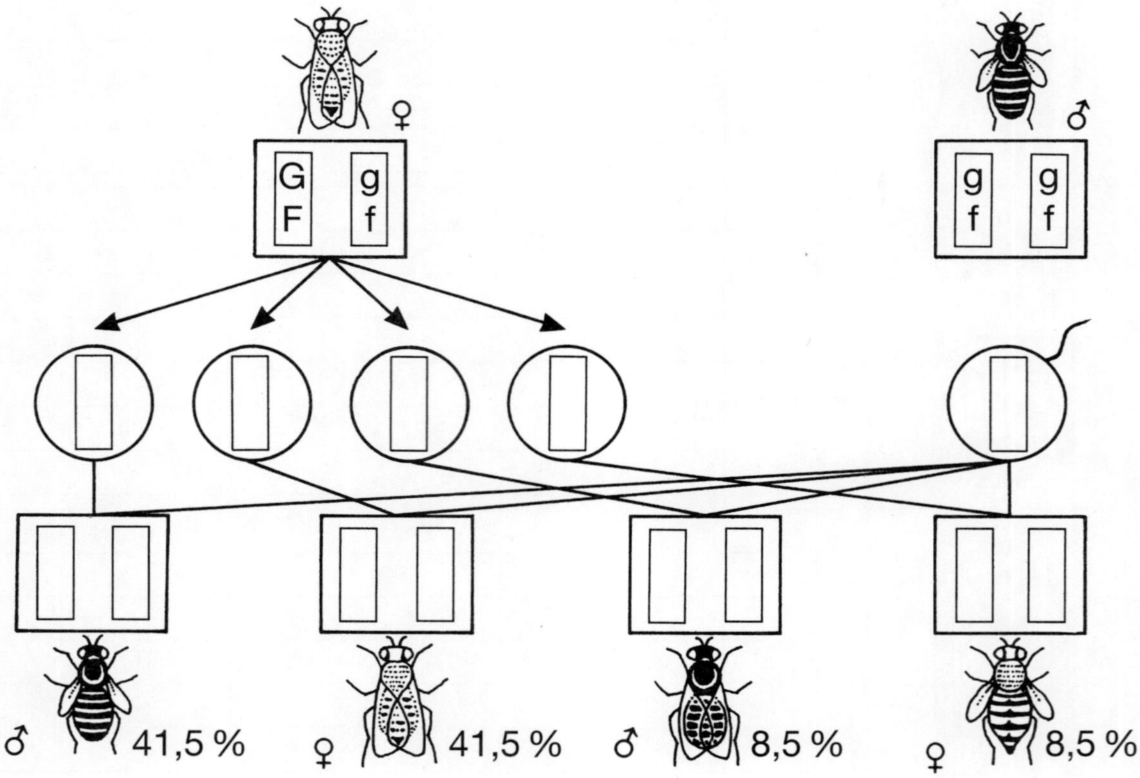

1. Vervollständige das Kreuzungsschema.

2. Erkläre die Tatsache, dass in der F_1-Generation vier verschiedene Erscheinungsbilder mit unterschiedlicher Häufigkeit auftreten.

3. Warum bildet das Männchen in der obigen Kreuzung nur eine Sorte von Keimzellen?

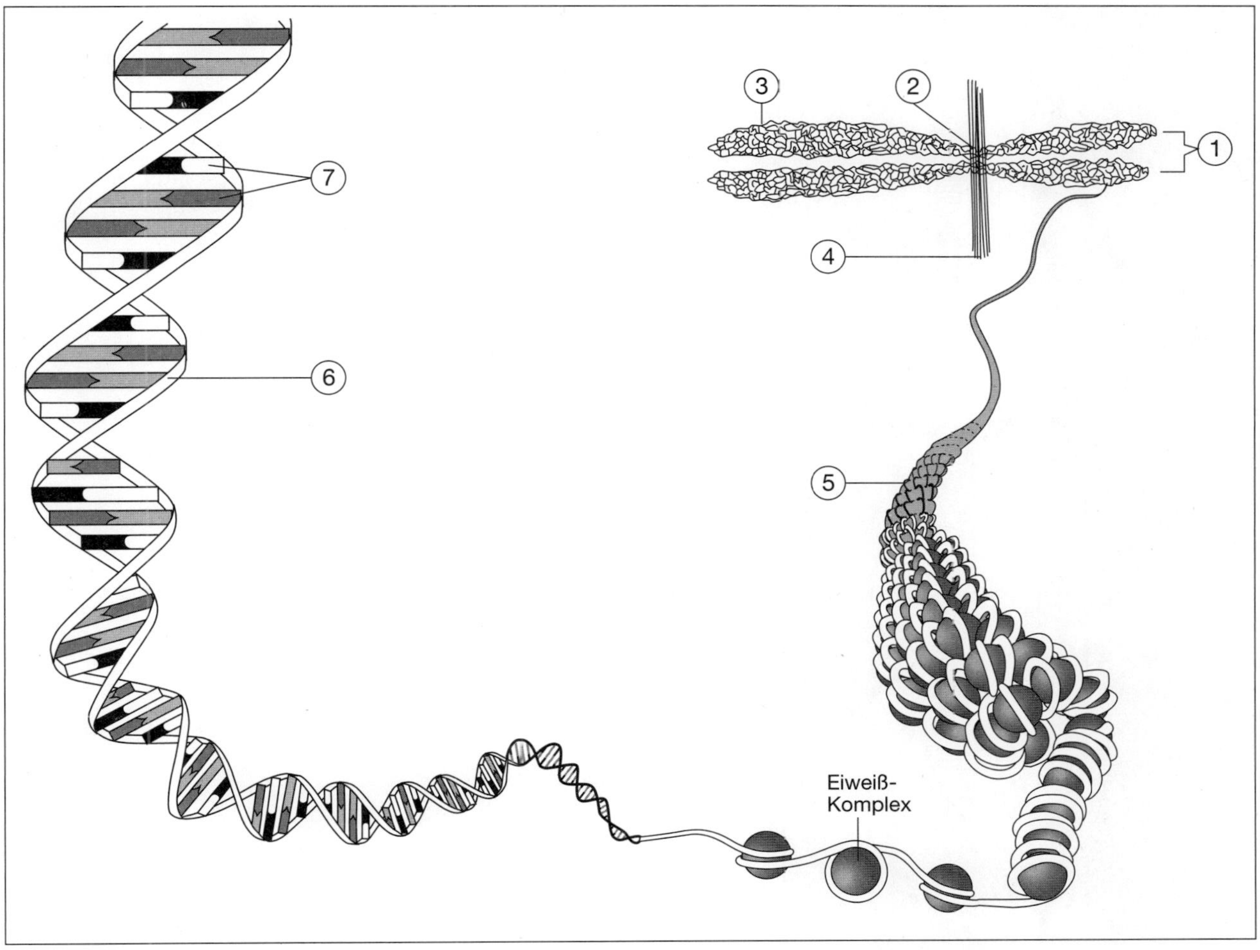

1. Beschrifte die Abbildung.

1. ______________________ 2. ______________________

3. ______________________ 4. ______________________

5. ______________________ 6. ______________ 7. ______________

2. Beschreibe den Feinbau eines Chromosoms.

____

____

____

____

____

____

____

____

____

Von der Erbinformation zum Protein

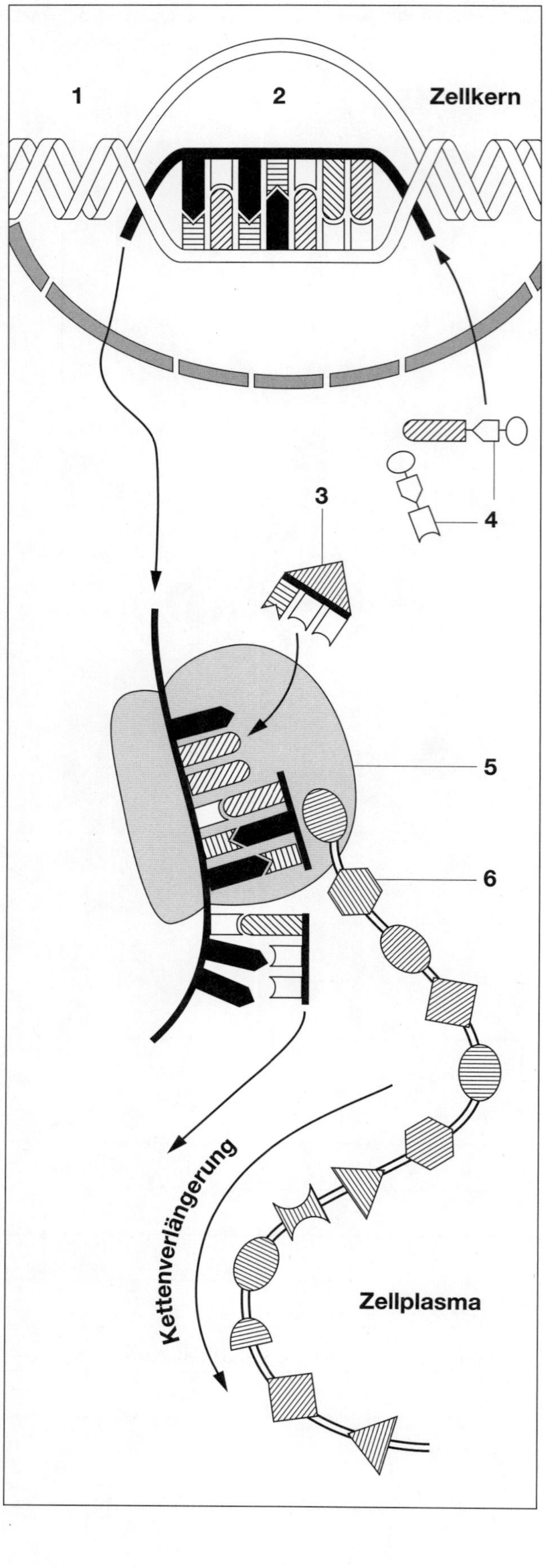

1. Beschrifte die Abbildung:

1. ________________ 2. ________________

3. ________________ 4. ________________

5. ________________ 6. ________________

2. Beschreibe den Weg von der Erbinformation zum Protein.

____

____

____

____

____

____

____

____

____

____

____

____

____

____

____

____

____

____

____

____

____

____

Roller und Nichtroller

Die Fähigkeit, die Zunge zu rollen, ist erblich und kann nicht erlernt werden. Mithilfe der folgenden Stammbäume soll die Frage geklärt werden, ob das Merkmal Zungenroller dominant oder rezessiv vererbt wird.

Annahme: Dominante Vererbung des Merkmals „Roller“

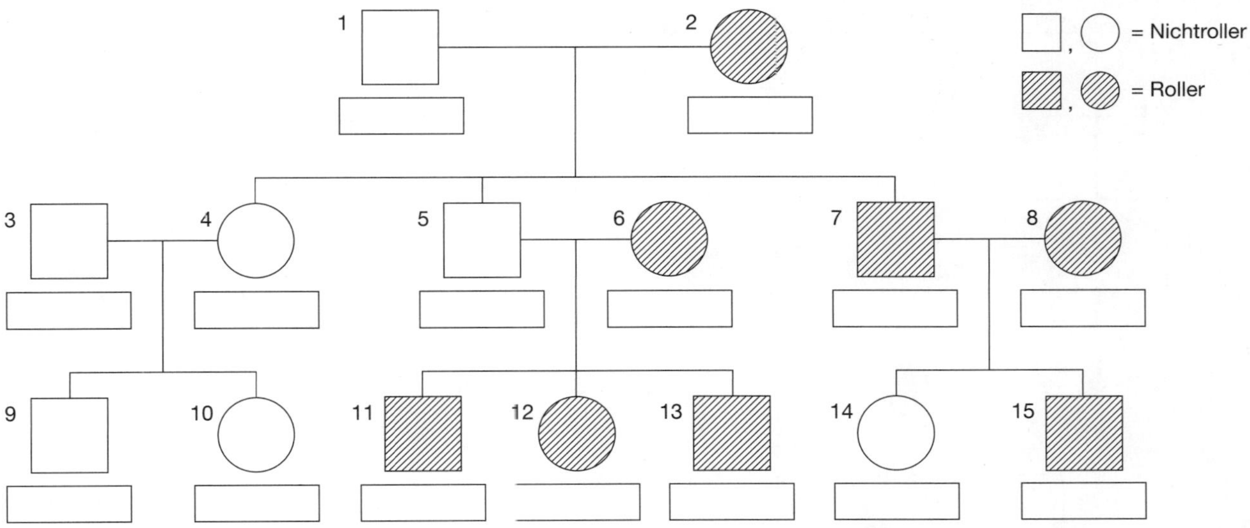

Annahme: Rezessive Vererbung des Merkmals „Roller“

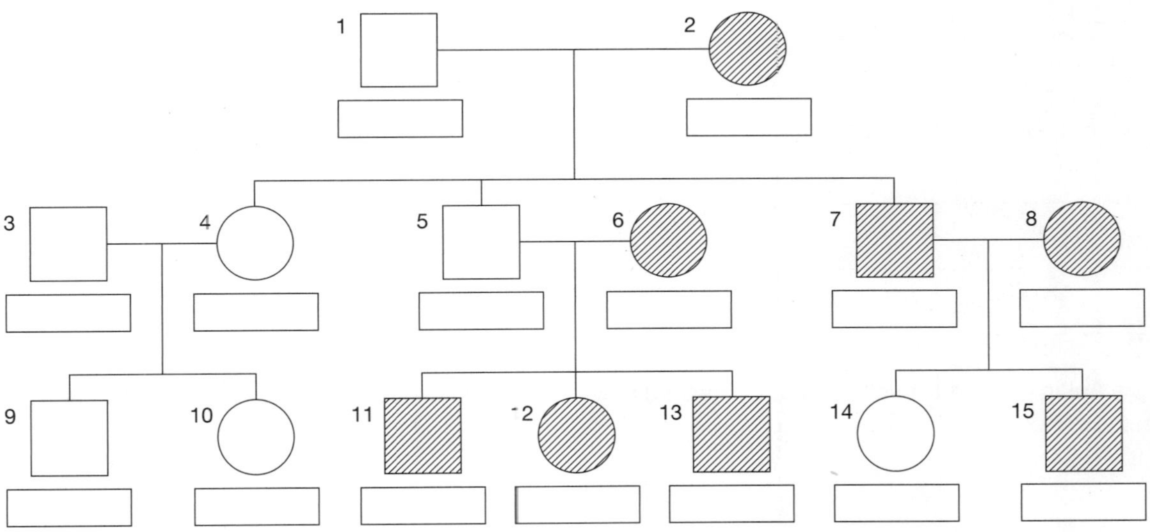

1. Trage in beide Stammbäume die entsprechenden Erbbilder ein. Gehe beim ersten Stammbaum von einer dominanten Vererbung des Merkmals Roller (Symbol: *Z*) aus, im zweiten von einer rezessiven Vererbung (Symbol: *z*).

2. Bei welchem der beiden Stammbäume tritt ein Widerspruch auf, wie wird die Fähigkeit zum Zungenrollen vererbt?

Die Vererbung der totalen Farbenblindheit

Die totale Farbenblindheit ist mit starker Sehschwäche, Augenzittern und extremer Lichtempfindlichkeit verbunden. Die Erbkrankheit tritt unter den Neugeborenen mit einer Häufigkeit von 1:30 000 Neugeborenen auf und ist damit äußerst selten.

Der folgende Stammbaum zeigt das Auftreten der totalen Farbenblindheit in einer Familie:

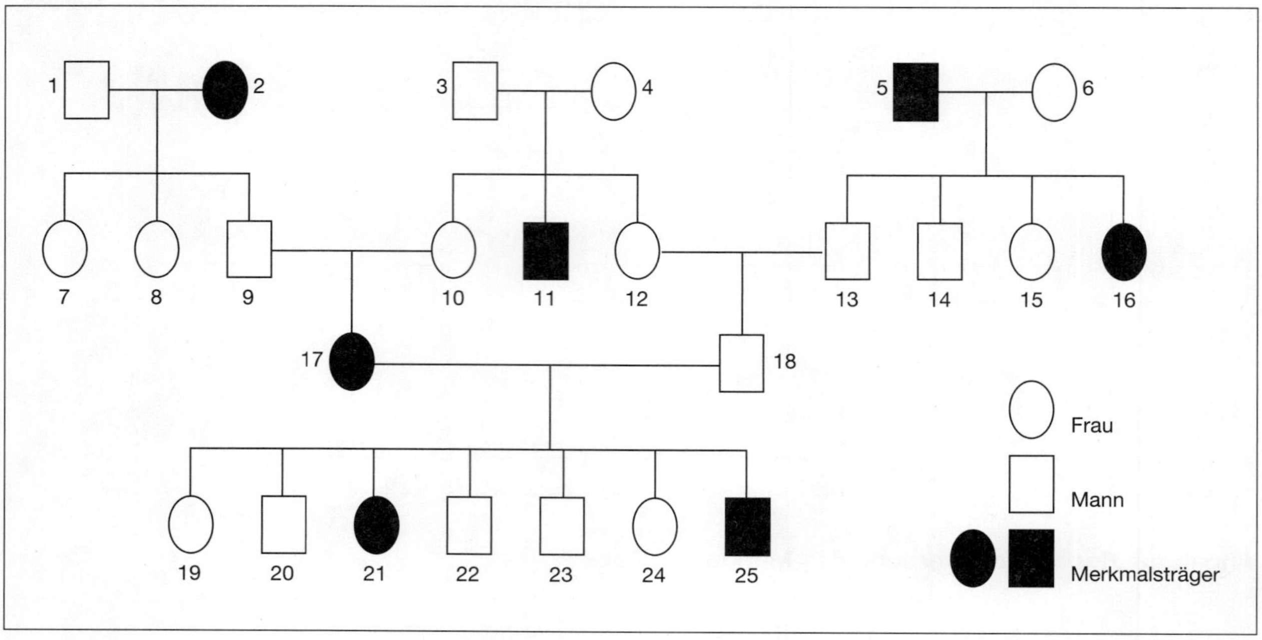

1. Wird die totale Farbenblindheit dominant oder rezessiv vererbt? Begründe anhand des Stammbaumes.

2. Liegt die Anlage für die totale Farbenblindheit auf einem Körperchromosom oder auf einem Geschlechtschromosom?

3. Ermittle das Erbbild der Personen 1, 2, 6, 9, 10, 11, 12, 13, 17, 18, 19. Benutze die üblichen Buchstabensymbole.

Der Erbgang der Blutgruppen

Die Blutgruppen des AB0-Systems und der Rhesusfaktor (d, D) von vier Elternpaaren sind eindeutig bekannt.

Elternpaar 1

OODD ABDD

Elternpaar 2

AAdd BOdd

Elternpaar 3

AAdd BBDD

Elternpaar 4

AODd OODd

Bei den folgenden vier Kindern kennt man zwar die Blutgruppe und den Rhesusfaktor, es ist jedoch nicht bekannt, ob diese reinerbig oder mischerbig vorliegen:

Kind 1

AB rh +

Kind 2

A rh +

Kind 3

O rh –

Kind 4

A rh –

1. Ordne mithilfe der Tabelle jedem Elterpaar ein Kind zu.

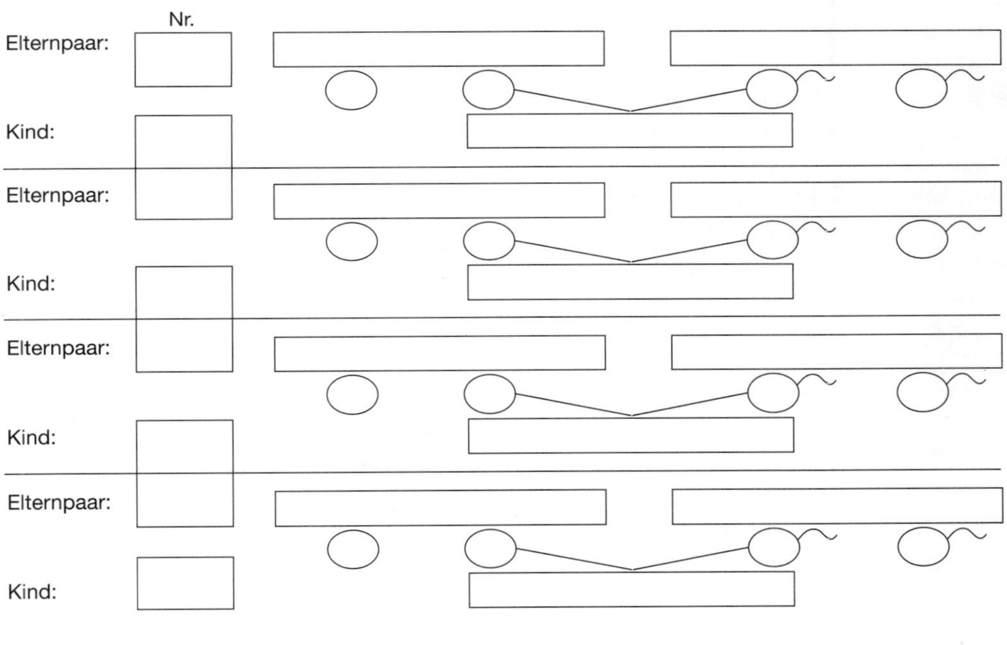

2. Welches Kind lässt sich nicht eindeutig zuordnen? Begründe deine Entscheidung.

____

____

____

Beispiel A: Es gibt Petuniensorten, die sich in ihrer Blütenfarbe unterscheiden.

1. Erkläre, wodurch die Färbung der Blüten beeinflusst wird.

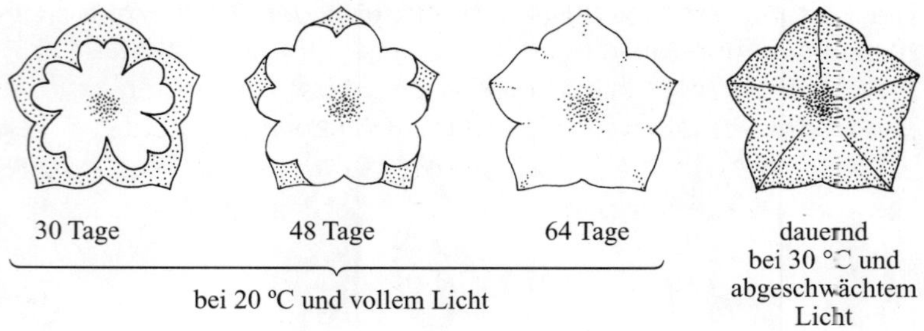

Beispiel B: Die ersten Russenkaninchen kamen um 1880 aus England nach Deutschland. Bei diesen überwiegend weißen Tieren sind Ohren, Schnauzenspitze, Pfoten und Schwanz schwarz gefärbt. Rasiert man schwarze Stellen, z.B. an der Nase und hält das Tier längere Zeit in warmen Ställen, so kann man rein weiße Tiere erhalten.

2. Warum sind gerade Ohren, Nasespitze, Pfoten und Schwanz von der Dunkelfärbung betroffen?

bei 20 °C bei 30 °C

Beispiel C: Von der Fruchtfliege Drosophila ist neben der normalflügeligen Form auch eine mit Stummelflügeln bekannt. Das nebenstehende Schema zeigt die Kreuzung zwischen einer stummelflügeligen und einer normalflügeligen Drosophila-Fliege.

3. Vervollständige das Schema.

4. Begründe für jedes der drei Beispiele, ob es sich dabei um Mutationen oder Modifikationen handelt.

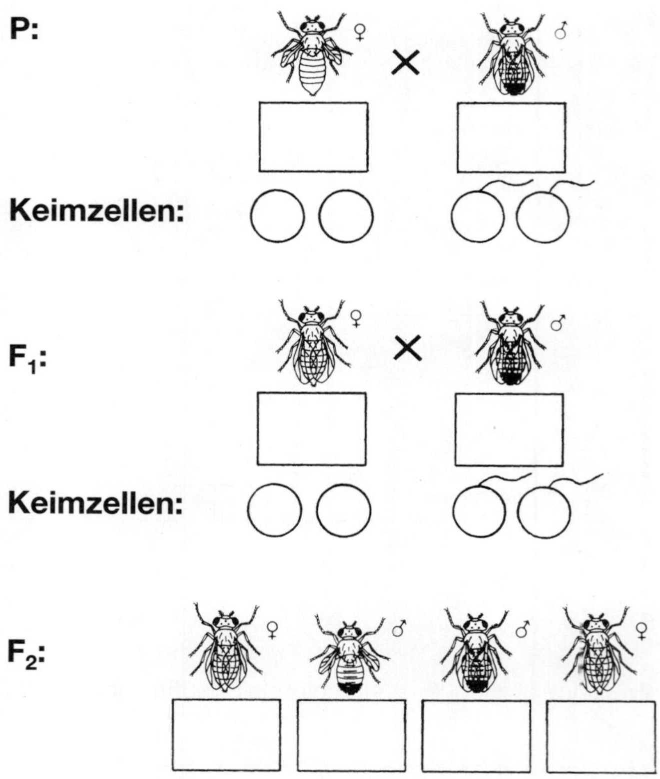

Durch Selbstbestäubung einer Bohnenpflanze erhielt man eine große Anzahl erbgleicher Bohnensamen. Die Auszählung und Messung der Samengröße zeigt Abbildung 1.
Anschließend wurden nur die kleinsten (Versuch1) und nur die größten Samen (Versuch 2) unter sonst gleichen Umweltbedingungen wieder zur Aussaat gebracht.
Im Versuch 3 wurden die kleinsten Samen unter besseren Umweltbedingungen als zuvor, in Versuch 4 unter schlechteren Umweltbedingungen zur Aussaat gebracht.

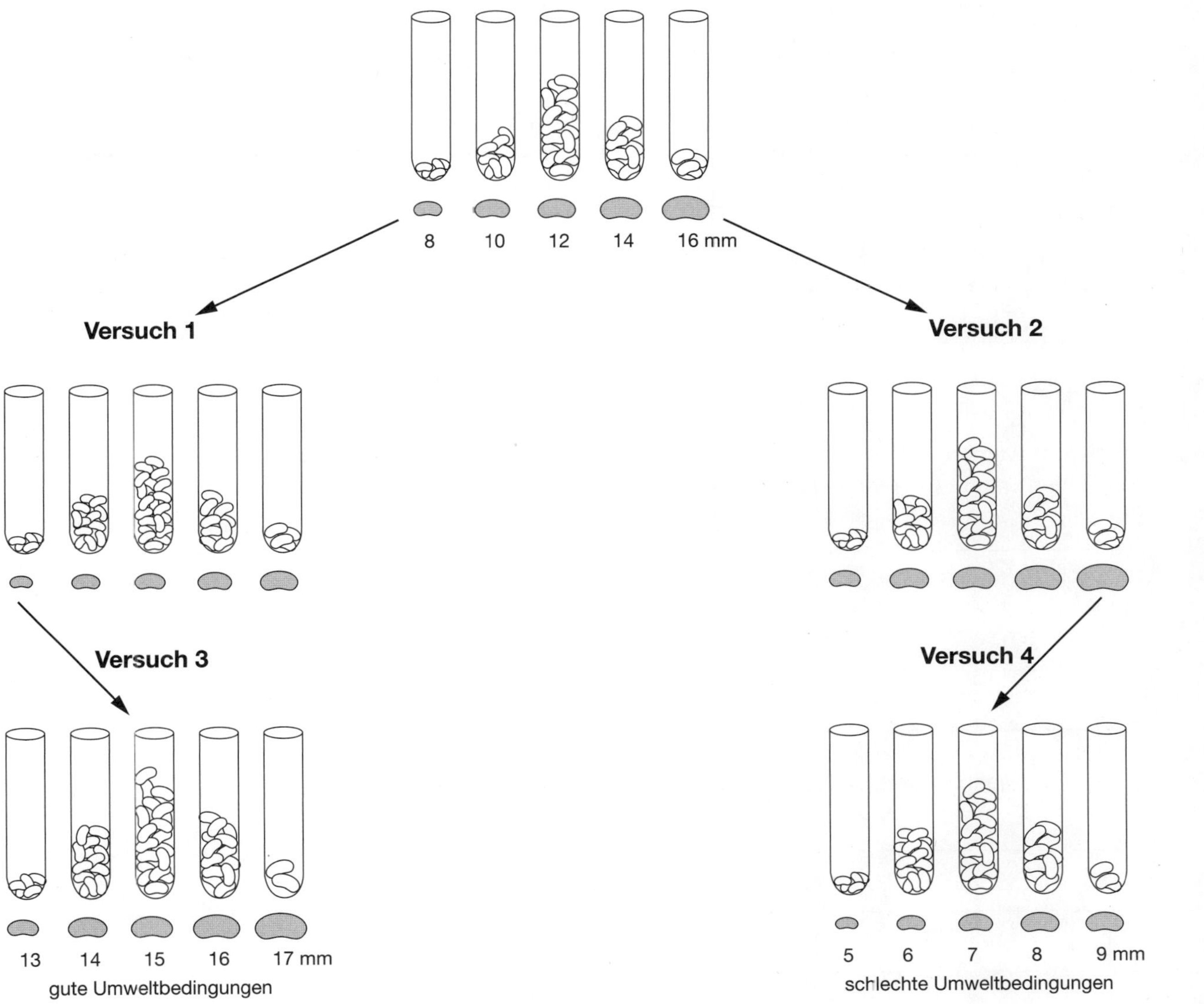

1. Beschreibe und erläutere Abbildung 1.

---

2. Beschreibe und erkläre die Ergebnisse aus den Versuchen 1 bis 4 in deinem Heft.

Intelligenz – Erbe oder Umwelt?

Mithilfe von Tests wurde bei verschiedenen Personengruppen der Intelligenzquotient (IQ) ermittelt. In der folgenden Tabelle werden die Testergebnisse miteinander verglichen.

Übereinstimmung im Intelligenzquotienten (IQ) in %

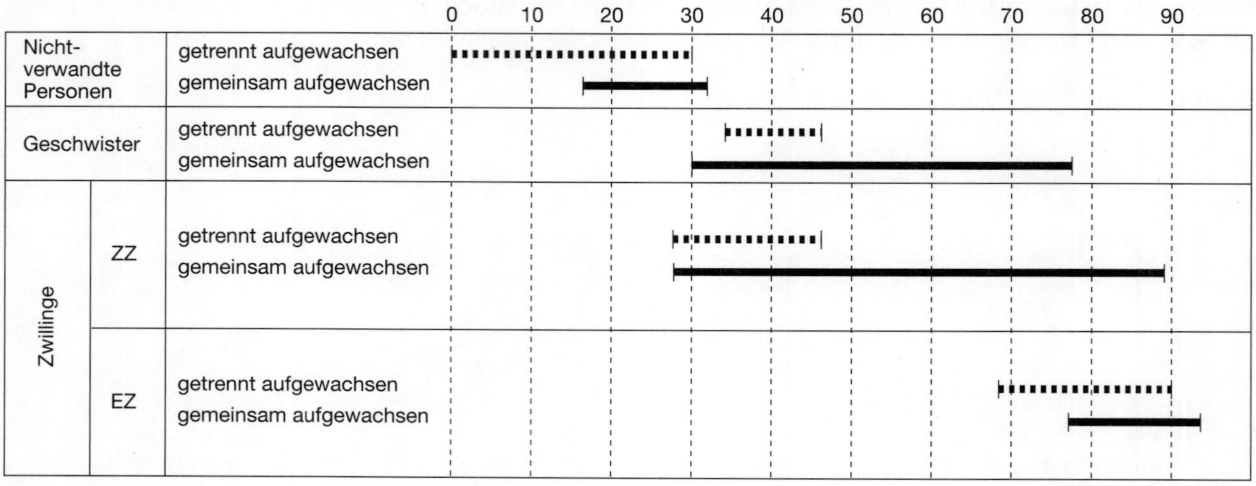

1. Warum werden in der Untersuchung Gruppen unterschiedlichen Verwandtschaftsgrades miteinander verglichen, warum getrennt aufgewachsene Personen mit gemeinsam aufgewachsenen ?

2. Wird Intelligenz vererbt ? Werte zur Beantwortung die Untersuchung aus.

3. Nimm kritisch Stellung zu den Versuchsergebnissen.

Genetische Beratung

Stefanie und Michael sind seit drei Monaten verheiratet. Sie wünschen sich ein gesundes Kind. Da Michael bluterkrank ist und in der Familie von Stefanie eine weitere Erbkrankheit aufgetreten ist, suchen sie eine genetische Beratungsstelle auf und bitten dort um Rat:

Stefanie: Wir wünschen uns sehnlichst ein Kind. Aber ich bin in Sorge, dass es nicht gesund sein könnte, denn mein Vater ist rotgrünblind, und mein Mann ist bluterkrank.
Michael: Meine Mutter hat gesagt, dass es da überhaupt keine Probleme gibt.
Stefanie: Das ist mir viel zu unsicher. Darauf mag ich mich nicht verlassen.
Michael: Können Sie uns denn sagen, ob unser Kind gesund sein würde? Gibt es Gründe, die gegen eine Schwangerschaft sprechen?
Stefanie: Ich habe einen Familienstammbaum mitgebracht, den mein Großvater, der auch Arzt war, einmal erstellt hat. Vielleicht hilft der ja weiter.

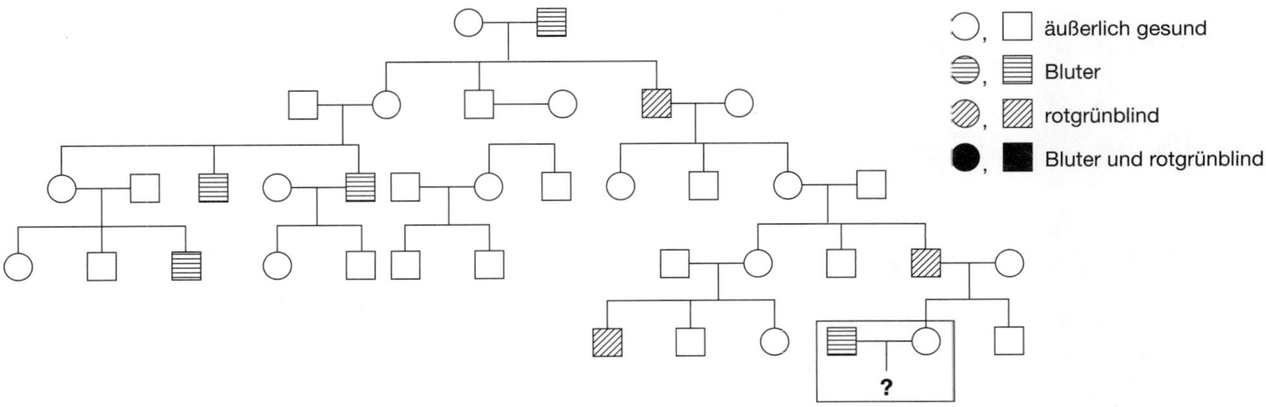

1. Sowohl die Rot-Grün-Blindheit als auch die Bluterkrankheit werden geschechtschromosomen-gebunden rezessiv vererbt. Welche Hinweise hierfür gibt der Stammbaum?

2. Beantworte die Frage des Paares nach der Wahrscheinlichkeit der Erkrankung ihrer Kinder. Erstelle hierzu ein Kreuzungsschema, das die möglichen Kombinationen der Geschlechtschromosomen beider Eltern enthält.

3. Welchen Rat würdest du angesichts dieser Ergebnisse dem Paar geben? Notiere die Antwort in deinem Heft.

Klonen, ja oder nein?

1977 wurde mit dem Schaf DOLLY zum ersten Mal ein Säugetier geklont. Seitdem stellt man Überlegungen an, auch den Menschen zu klonen. Bis heute sind solche Klonierungsversuche beim Menschen jedoch verboten.

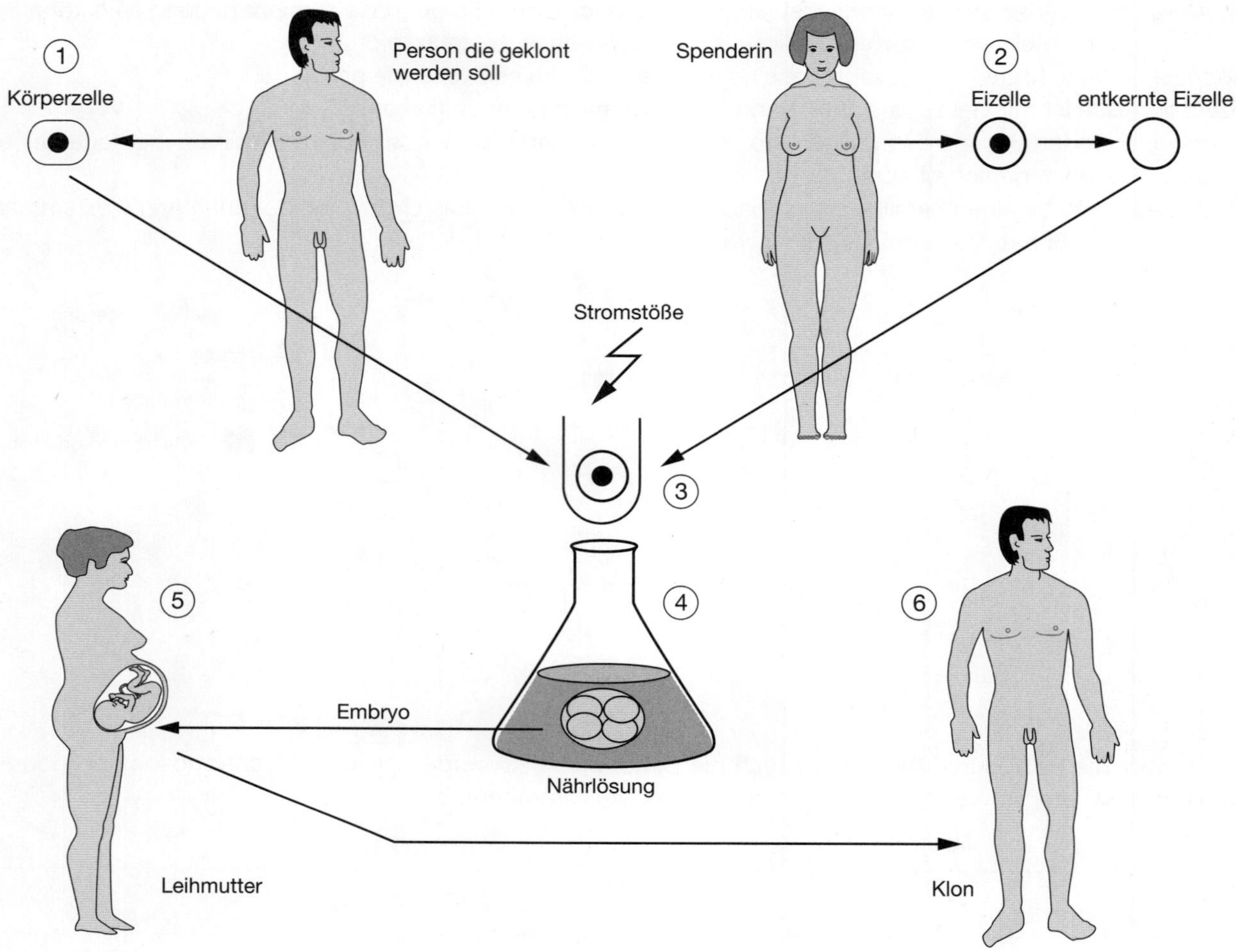

1. In der Abbildung ist eine theoretisch denkbare Klonierung eines Menschen dargestellt. Beschreibe die verschiedenen Schritte, die bei einer Klonierung durchgeführt werden müssten.

____

____

____

____

____

____

2. Welche Argumente sprechen für eine Klonierung von Tieren und welche gegen die Klonierung von Menschen? Notiere die Antwort in deinem Heft.

Gentherapie kann heilen

1990 führte man in den USA die erste erfolgreiche Gentherapie an einem vierjährigen Mädchen durch. Die Patientin litt an einer seltenen Erbkrankheit, die auf dem Mangel an einem bestimmten Enzym beruht. Die Folge ist eine Störung im Immunsystem, sodass Kinder mit diesem Enzym-Mangel bereits an harmlosen Infektionskrankheiten sterben können.
Da keine andere Behandlungsmethode erfolgreich war, entschied man sich für die Gentherapie:

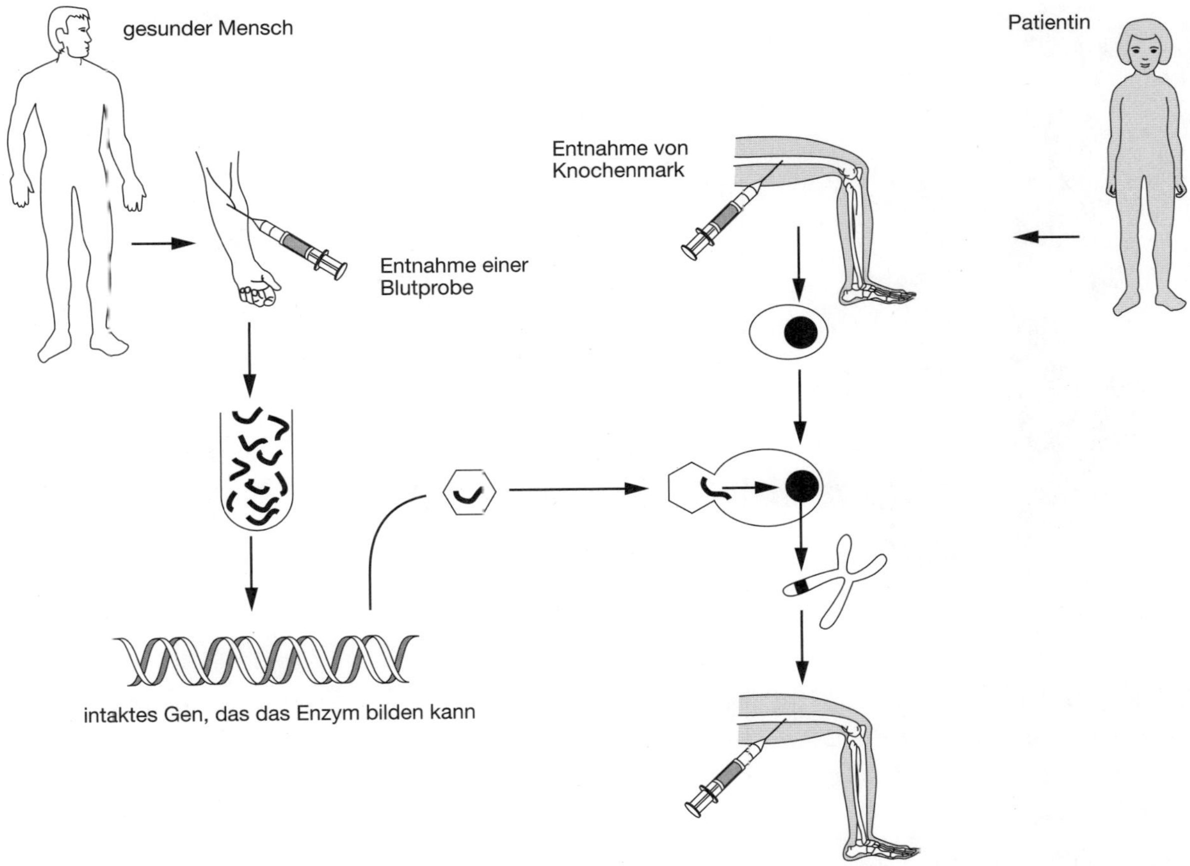

1. Beschreibe anhand der Abbildung die verschiedene Schritte einer Gentherapie.

____

____

____

____

____

2. Führt die beschriebene Gentherapie dazu, dass künftige Generationen von dieser Erbkrankheit verschont bleiben ?

____

____

Das Reiz-Reaktions-Prinzip bei Amseln

Hungrige Jungvögel zeigen das Verhalten des „Sperrens“. Dabei strecken sie ihre Hälse nach oben und reißen den Schnabel weit auf. Schnabelinnenraum und Rachen sind auffällig gezeichnet. Mithilfe der folgenden drei Versuche wurde die Frage untersucht, wodurch dieses Sperren ausgelöst wird:

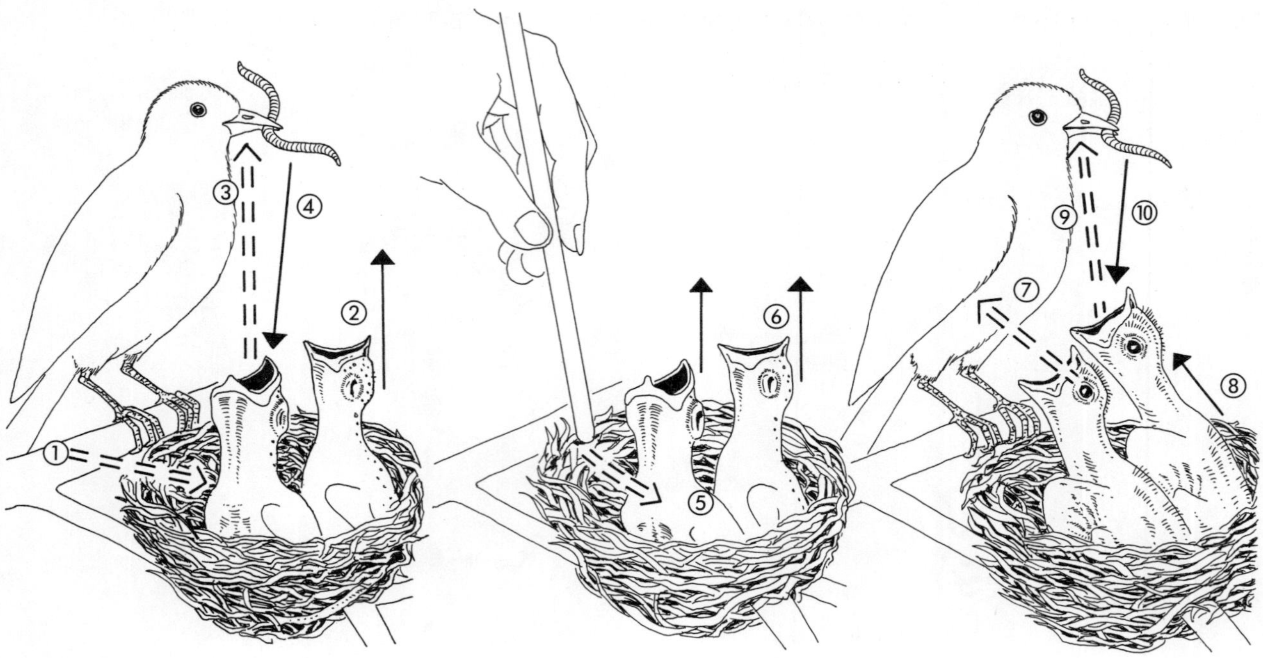

A Blinde Amseljungen (ca. 4 Tage alt) werden gefüttert

B Nest mit blinden Amseljungen wird mit einem Stab berührt

C Sehende Amseljunge (ca. 10 Tage alt) werden gefüttert

1. Bei der Fütterung durch den Altvogel kommt es zu einem Wechselspiel zwischen Reiz (Schlüsselreiz) und der entsprechenden Reaktion. Beschrifte die nummerierten Reizpfeile (= = =>) bzw. Reaktionspfeile (→) in den Abbildungen.

① ____________ ② ____________ ③ ____________

④ ____________ ⑤ ____________ ⑥ ____________

⑦ ____________ ⑧ ____________ ⑨ ____________

⑩ ____________

2. Kläre mithilfe der Abbildungen, durch welche äußeren Faktoren das Sperren bei den vier Tage alten bzw. bei den zehn Tage alten Jungvögeln ausgelöst wird.

____

____

____

Attrappenversuche bei Amseln

Mithilfe verschiedener Attrappenversuche wurde die Frage untersucht, welche Merkmale des Amselkopfes als Schlüsselreize wirken:

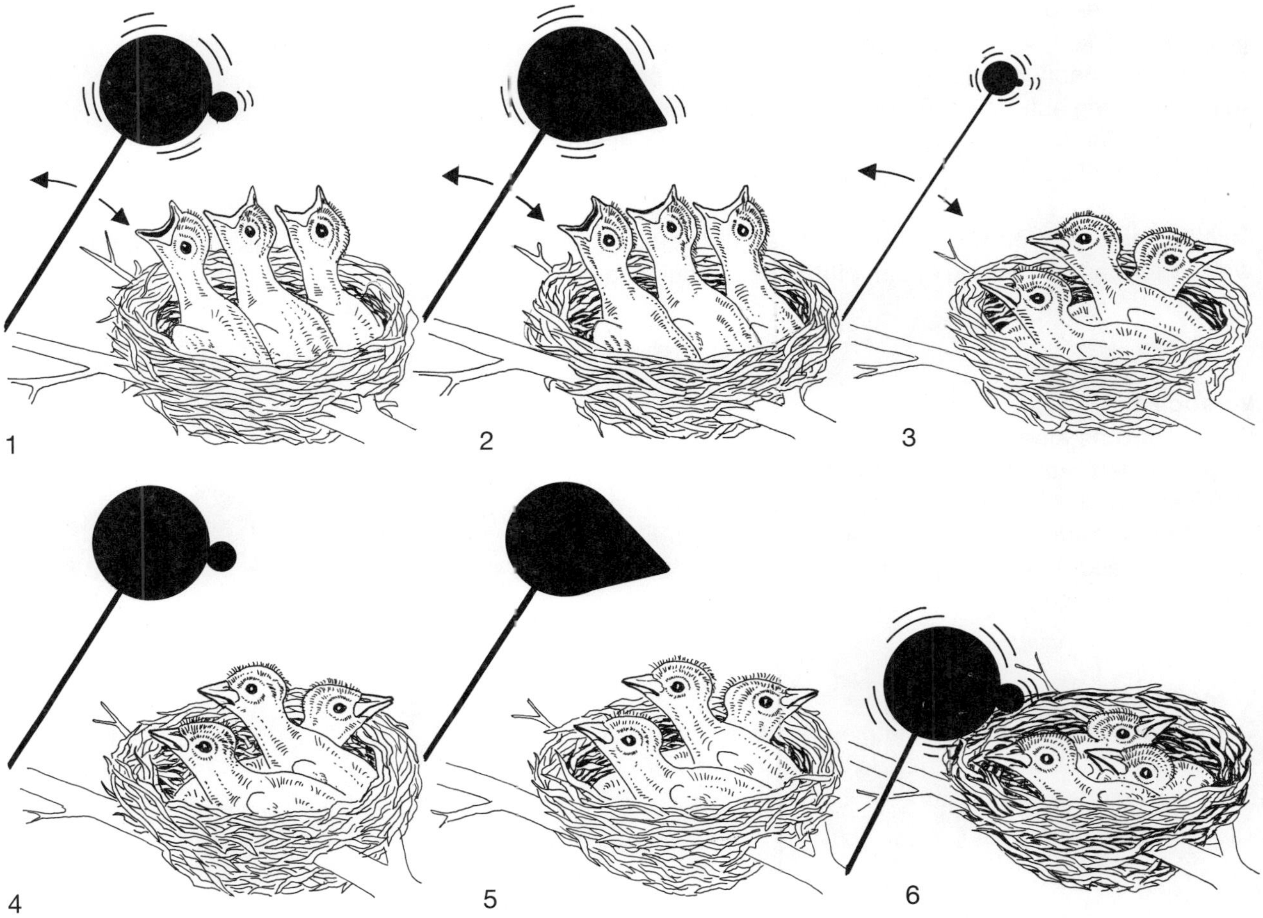

1. Beschreibe die Ergebnisse der verschiedenen Attrappenversuche und erkläre, wodurch die Sperrreaktion der Amseljungen ausgelöst wird.

2. Beantworte die Frage, ob Amseljunge ihre Eltern individuell erkennen.

Verhalten von Jungfischen eines Maulbrüters

Unter den Fischen gibt es Arten, die ihre Eier im Maul ausbrüten. Das Weibchen behält die Eier und später die Jungfische im Maul, bis diese den Dottersack aufgebraucht haben und frei schwimmen können. Sind die Jungen weit genug entwickelt, werden sie von der Mutter ausgespuckt. Sie können dann bereits gut schwimmen und nehmen selbst Nahrung auf. Eine Woche lang kehren sie noch zeitweise ins Maul zurück, so zum Beispiel, wenn sie durch Fressfeinde aufgeschreckt werden.

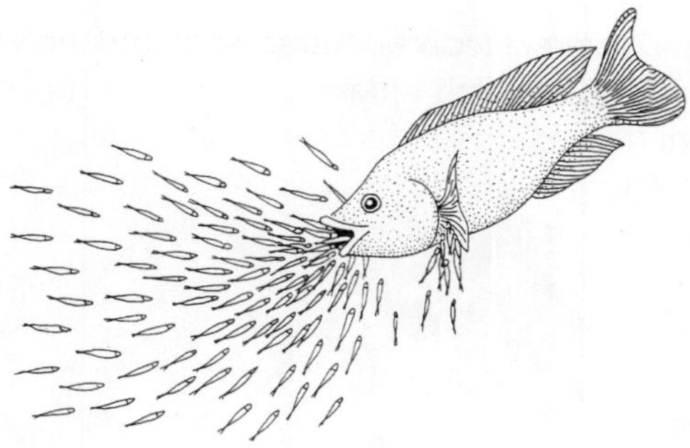

Mithilfe der folgenden Attrappenversuche wurde geklärt, welche Schlüsselreize für das Anschwimmen, und welche für das Eindringen in das mütterliche Maul verantwortlich sind.

Versuch 1:
Die Jungfische einer mittelgrau gefärbten Maulbrüterart wurden isoliert von der Mutter aufgezogen. Den Fischen wurden aus einer Entfernung von 15 cm kugelförmige Attrappen mit grauen und schwarzen Eingängen angeboten. Beobachtung:

Versuch 2:
Der vorherige Versuch wurde in gleicher Weise wiederholt. Der Abstand zur Attrappe wurde jedoch auf 5 cm verringert. Beobachtung:

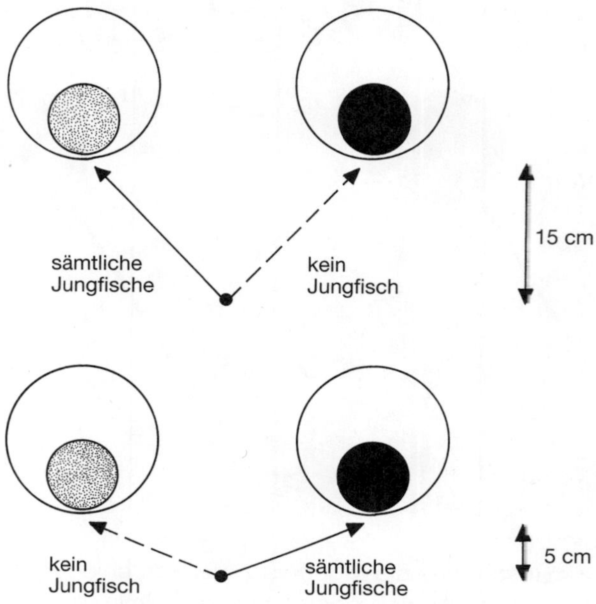

1. Beschreibe die Ergebnisse der beiden Versuche.

____

____

2. Werte die Versuche aus und erläutere das Ergebnis.

____

____

____

____

Die Gartengrasmücken sind sperlingsgroße Vögel, die sich von Insekten ernähren. Da sie im Winter in ihren Brutgebieten nicht existieren können, ziehen sie in den Monaten September bis Oktober in ihre südlichen Überwinterungsgebiete. Diesen Herbstzug vollziehen die Gartengrasmücken einzeln und in der Nacht.

Mit eingefangenen, zugbereiten Gartengrasmücken wurden in einem Planetarium folgende Versuche durchgeführt:

Versuch 1:
Einheimische Gartengrasmücken wurde ein Sternenhimmel gezeigt, wie er im Herbst über Mitteleuropa vorhanden ist. Beobachtung:
Die Gartengrasmücken führten die Zugbewegungen in die nebenstehend gezeigten Himmelrichtungen durch.

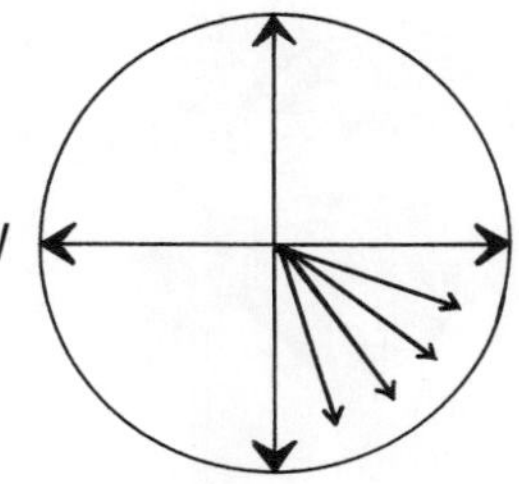

Versuch 2:
Gartengrasmücken wurde ein Sternenhimmel gezeigt, wie er im Frühjahr über ihrem Winterquartier vorhanden ist.
Beobachtung:
Die Gartengrasmücken führten die nebenstehenden Zugbewegungen durch.

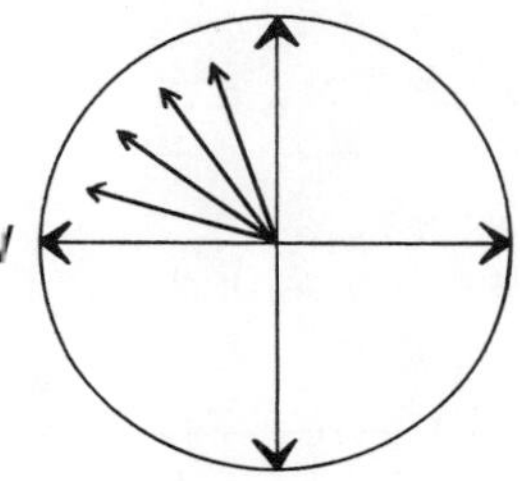

Versuch 3:
Den Gartengrasmücken wurde kein Sternenhimmel gezeigt.
Beobachtungen:
Die Gartengrasmücken zeigten die nebenstehenden Zugbewegungen.

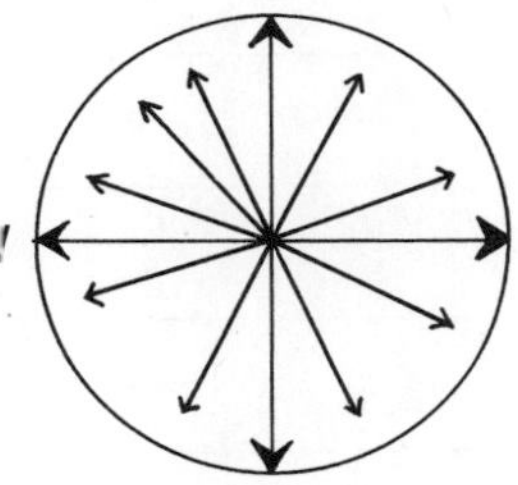

1. Beschreibe die jeweiligen Versuchsbeobachtungen und erkläre sie.

2. Ist das Zugverhalten angeboren oder wird es von den Elterntieren erlernt?

Der russische Mediziner PAWLOW untersuchte den Zusammenhang zwischen Lernvorgängen und körperlichen Reaktionen beim Hund: Er legte die Ohrspeicheldrüse des Hundes nach außen und beobachtete, ob und wann der Hund Speichel abgab:

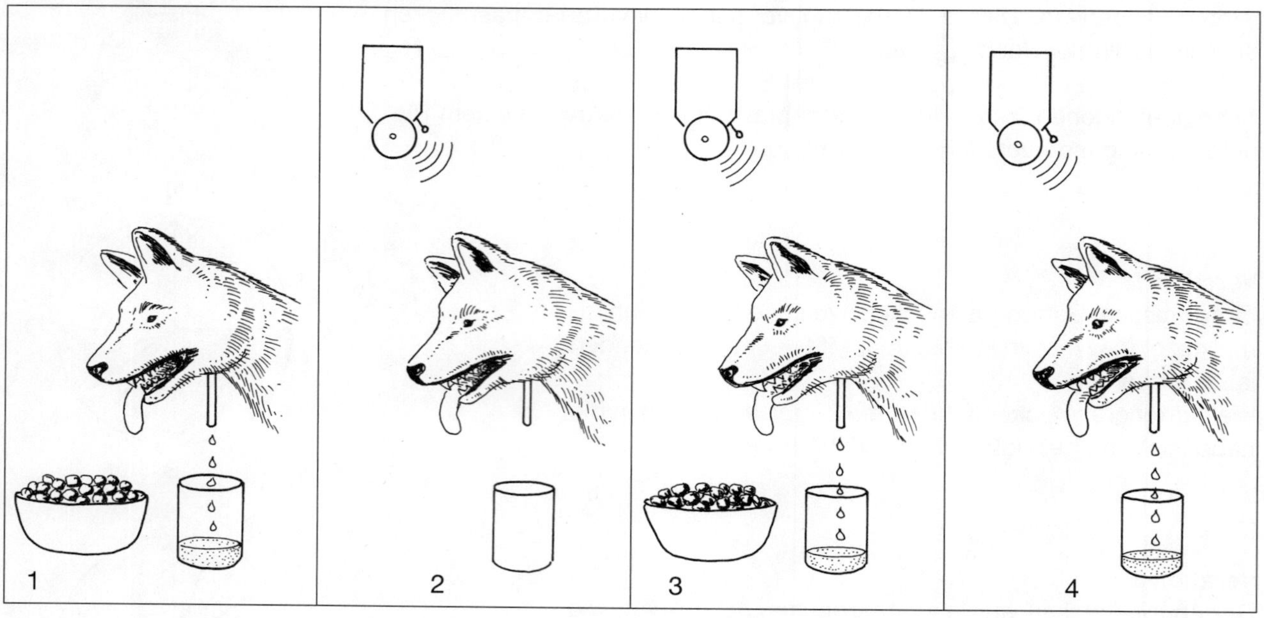

1. Beschreibe und erläutere die Versuchsreihe.

____

____

____

____

____

____

2. Verdeutliche mithilfe der Schemata die Entstehung des Speichelflusses in den Versuchen 3 und 4:

____

____

____

____

____

____

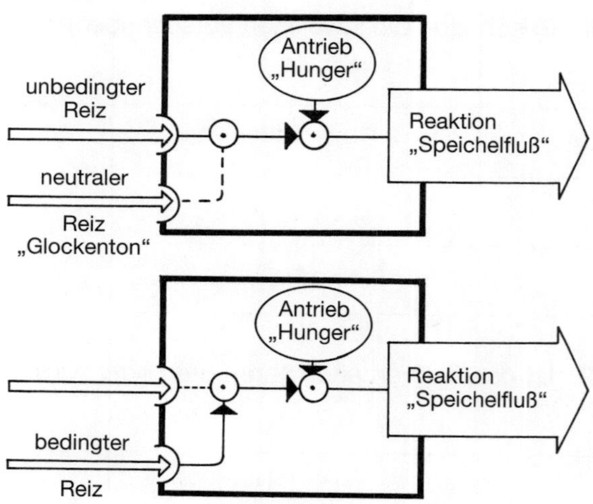

Apportieren bei Jagdhunden. „Es zeugt auch bei Hunden von schlechten Manieren, wenn sie anbeißen, was andere Leute später essen wollen. Also muss ihnen aus diesem Grund (und nicht etwa zur Schonung der vielleicht noch lebenden Ente) andressiert werden, dass sie das apportierte Wild unterwegs zu Herrchen nicht zu zerbeißen haben. Dazu steckt man eine Übungsente in einen Pyjama, der über und über mit Stacheln bespickt ist. Der Hund lernt: Wenn du die Ente kräftig beißt, beißt sie sofort kräftig zurück..." (aus HORST STERN: Bemerkungen über Hunde).

1. Welche Lernvoraussetzungen und Lernformen werden beim Apportieren genutzt?

Fehler beim Lernen. Ein Blindenhund führte sein Herrchen regelmäßig von der Wohnung zum Arbeitsplatz. Auf diesem Weg befand sich nun eine Holzlatte von einer nahegelegenen Baustelle. Der Blinde stieß vor die Latte, ohne jedoch zu stolpern. Er schüttelte den Hund kurz, da er ihn nicht davor bewahrt hatte und ging dann weiter. Am folgenden Tag blieb der Hund an derselben Stelle stehen, obwohl die Latte fort war. Der Blinde lobte darauf den Hund für seine Fürsorge. Eigentümlicherweise blieb aber der Hund von nun an auch an anderen Stellen stehen, an denen kein neu entstandenes Hindernis vorhanden war. Erst später stelle man fest, dass dort, wo der Hund zuerst zurechtgewiesen worden war und an den Stellen, wo der Hund ohne erkennbaren Grund stehen blieb, Metzgerläden waren.

2. Wie ist das merkwürdige Verhalten des Hundes zu erklären?

Umlernen. Ein Hund wurde von seinem Trainer durch Hör- und Sichtzeichen daran gewöhnt, stets in der gleichen Richtung um einen weitläufigen Geländeparcours zu laufen. Nach knapp zwei Wochen bewältigte der Hund diese Aufgabe fehlerfrei. Dann sollte der Hund in genau umgekehrter Richtung den Parcours bewältigen. Diese Aufgabe überforderte den Hund zunächst. Erst nach etwa fünf Wochen war er hierzu in der Lage. Als man ihn dann – unterstützt durch die vertrauten Hör- und Sichtzeichen – um ein sechseckiges Schafgehege schicken wollte, klappte die Übung ebenfalls nicht. Erst nach ca. einjährigem Training umging der Hund unbekannte Gebäude- bzw. Geländekomplexe entweder links- oder rechtsherum.

3. Warum hat der Hund derart große Schwierigkeiten das Schafgehege zu umrunden?

Nachfolgereaktion bei Entenküken 50

Um genauere Aussagen über den Einfluss des Lebensalters auf den Prägungserfolg bei der Nachfolgereaktion machen zu können, wurde folgende Versuchsanordnung gewählt: Entenküken wurden im Brutschrank erbrütet und im Dunkeln gehalten. Anschließend wurden die Küken in den kreisförmigen Laufgang eines Karussells gesetzt. Dieser war erleuchtet, der Versuchsraum abgedunkelt. Im Laufgang befand sich das Modell eines Entenerpels. Es wurden die folgenden Versuchsreihen durchgeführt:

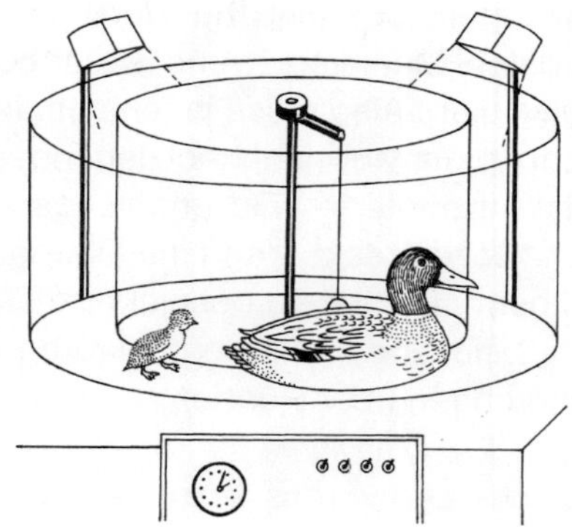

Versuchsreihe A:

Versuch Nr.	Versuchsanordnung	Verhalten des Entenkükens
1	Einem 12 Stunden alten Küken wird eine stumme und bewegungslose Attrappe geboten	Es zeigt keine Reaktion auf die Attrappe
2	Einem 12 Stunden alten Küken wird eine bewegungslose Attrappe mit Ton geboten	Das Küken wendet den Kopf, zeigt aber keine Reaktion
3	Einem 12 Stunden alten Küken wird eine Attrappe gezeigt, die mit Ton bewegt wird	Das Küken folgt der Attrappe
4	Einem 5 Tage alten Küken wird zum ersten Mal eine Attrappe gezeigt, die mit Ton bewegt wird	Das Küken zeigt keine Reaktion

Versuchsreihe B:
Isoliert gehaltenen Küken verschiedenen Alters (1–32 Stunden alt) wurde eine bewegte Attrappe mit Ton präsentiert. Der prozentuale Anteil an positiven Nachfolgereaktionen des Kükens wurde in Abhängigkeit vom Lebensalter ermittelt und grafisch dargestellt:

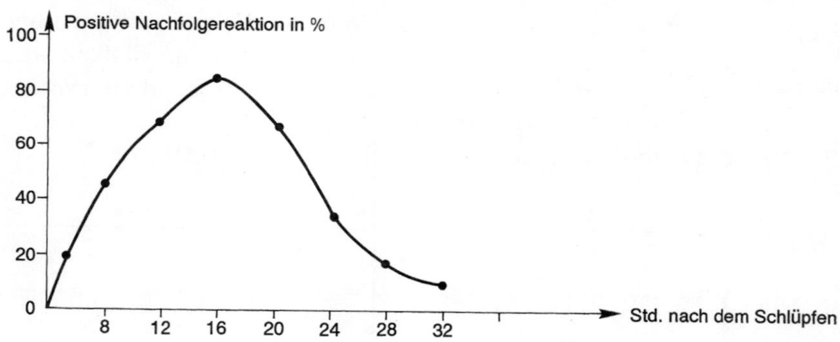

1. Erläutere mithilfe der Versuchsreihe A, welcher Teil der Nachfolgereaktion angeboren und welcher erlernt ist.

2. Erkläre am Beispiel beider Versuchsreihen den Begriff der Prägung.

Verhaltensweisen verbessern sich

Hühnerküken beginnen kurz nachdem sie aus dem Ei geschlüpft sind mit dem Picken. Sie picken nach allem, was Körnerform oder Körnergröße hat. Ihre Treffsicherheit wird mit zunehmendem Alter immer besser. Die folgenden Versuche gehen der Frage nach, was Ursache für diese Verbesserung ist. Dazu wurden Küken, die im Dunkeln geschlüpft waren, Brillen aufgesetzt. Eine Kükengruppe erhielt Brillen mit Prismengläsern, die die Lichtstrahlen so umlenken, dass das gesehene Objekt nach links versetzt erscheint. Eine Kontrollgruppe erhielt Gläser, die keine Verschiebung bewirkten. Einer dritten Kükengruppe wurden die Augen verbunden, sodass diese nichts sahen.

Versuch 1: Ein 1 Tage altes Küken erhielt eine normale Brille. Dann wurde in eine weiche Tonplatte ein Nagel gedrückt. Pickte das Küken neben den Nagelkopf, so drückten sich die Schnabelspuren im Ton ab. Nach vier Tagen (rechte Abbildung) wurden die Pickspuren erneut festgehalten:

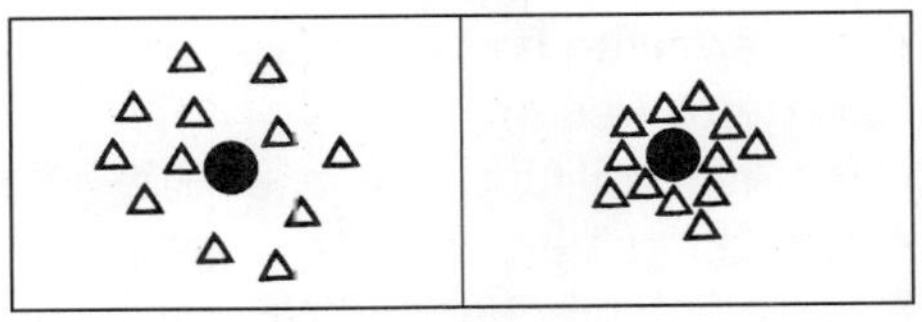

Versuch 2: Einem Küken wurde die Prismenbrille aufgesetzt. Erneut wurden die Pickspuren am 1. Tag (linke Abbildung) und am 4. Tag festgehalten:

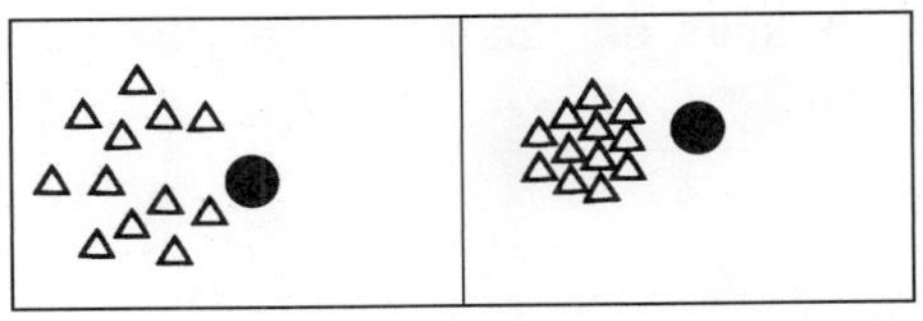

Versuch 3: Einem Küken wurden die Augen mit einem Tuch verbunden, sodass das Küken nichts mehr sah. Erneut wurden die Pickspuren am 1. und 4. Tag ermittelt.

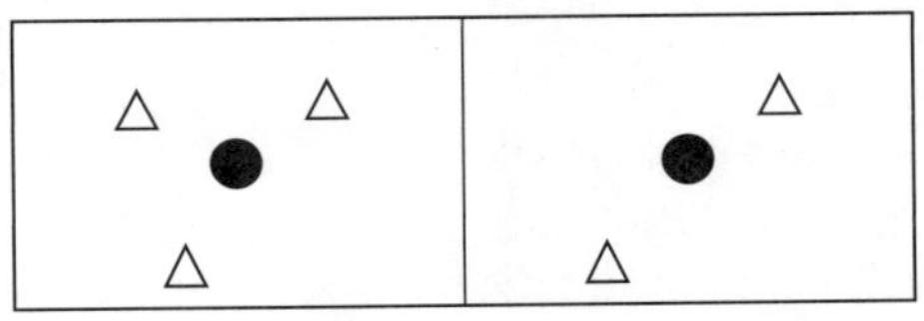

1. Beschreibe die Ergebnisse der drei Versuche.

____

____

____

____

2. Vergleiche die ersten beiden Versuche und beantworte die Frage, ob die Fähigkeit zielsicher zu treffen durch Lernen am Erfolg oder durch Reifung zustande kommt.

____

____

____

3. Erkläre das Ergebnis aus Versuch 3.

____

____

In Labors, die Lernverhalten erforschen, wird häufig die nebenstehende Lernbox eingesetzt. Drückt das Versuchstier auf eine Drucktaste bzw. einen Hebel, so fällt ein Futterkorn in die danebenliegende Futteröffnung. Nach dem amerikanischen Psychologen SKINNER bezeichnet man diese Lernbox als SKINNER-Box.

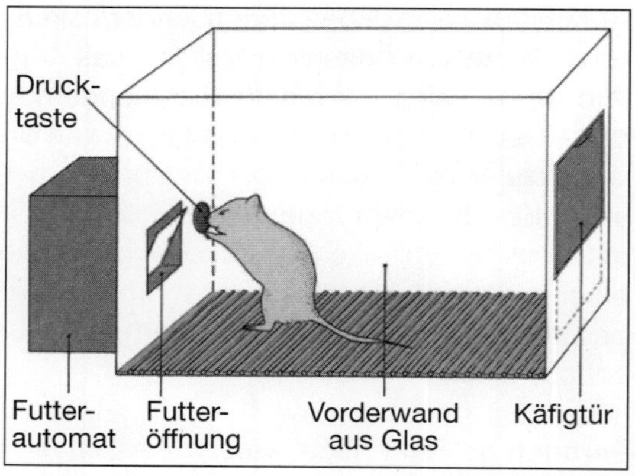

In einer ersten Versuchsreihe setzte man eine Ratte in eine SKINNER-Box. Die neugierige und hungrige Ratte lief in der Box herum, drückte zufällig die Taste und erhielt Futterbrocken. Man protokollierte die Zeit, bis die Ratte ihr Futter erhalten hatte und wiederholte anschließend mehrfach den Versuch.
Anschließend führte man eine zweite Versuchsreihe mit einem hungrigen Hamster durch und protokollierte auch hier die entsprechende Zeit.

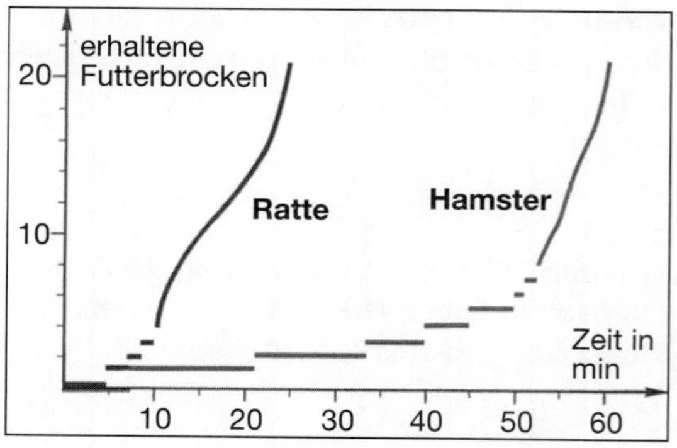

1. Erkläre das Lernverhalten der Ratte in der SKINNER-Box.

2. Deute die Ergebnisse der beiden Versuchsreihen.

A. Schimpansen hatten gelernt mit einem Schlüssel einen Behälter zu öffnen, in dem sich eine Banane befand. In einem ersten Versuch wurde der passende Schlüssel für den Futterbehälter in einen Kasten gegeben, in dem sich auch mehrere, nicht passende Schlüssel befanden. Man konnte beobachten, dass die meisten Schimpansen den richtigen Schlüssel bereits beim ersten Versuch herausnahmen und den Futterbehälter öffneten, um sodann die Banane zu verzehren.

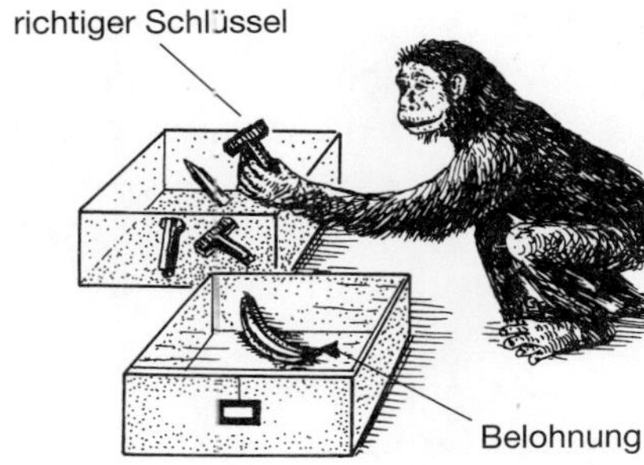

In einem weiteren Versuch wurde die Versuchsanordnung abgewandelt. Der passende Schlüssel zum Öffnen des Futterbehälters wurde in einen Kasten gegeben, der verschlossen war. Der Schlüssel zum Öffnen dieses Kastens wurde in einen weiteren Kasten gegeben. Daneben befand sich ein Kasten, der einen Schlüssel enthielt, mit dem man einen leeren Kasten aufschließen konnte. Man beobachtete, dass die meisten Schimpansen jeweils sofort den richtigen Schlüssel zum Öffnen des zweiten Kasten nahmen, diesen öffneten, um mit dem entsprechenden Schlüssel den Futterkasten zu öffnen.

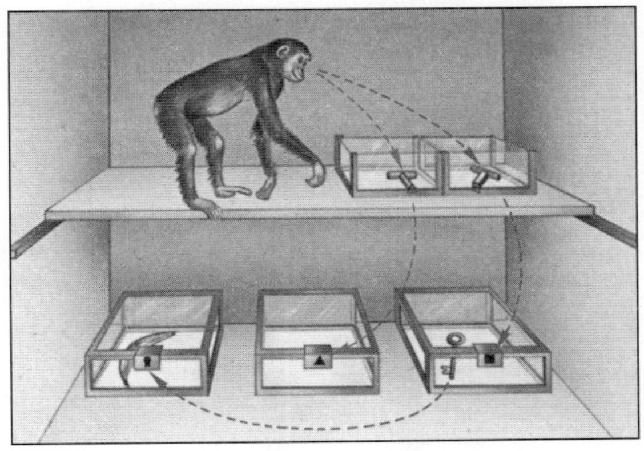

B. Ein Schimpanse hatte gelernt, Gegenstände, die außerhalb des Käfigs lagen und die mit den Händen nicht erreichbar waren, mit einem daran befestigten Seil bis in die direkte Reichweite heranzuziehen. Man stellte den Schimpansen vor folgendes Problem: Ein Korb Bananen stand vor dem Käfig. Durch einen Korbhenkel war ein Seil gezogen. Beide Enden des Seiles lagen weit auseinander. Der Schimpanse zog an einem Ende des Seiles. Dadurch wurde dieses aus dem Henkel herausgezogen. Anschließend wurde die ursprüngliche Versuchsanordnung wieder hergestellt. Der Schimpanse wiederholte die Handlung, wieder ohne Erfolg, bekam einen Wutanfall, zog aber dann nicht wieder an dem Seil. Der Affe setzte sich ruhig in eine Käfigecke vorn am Gitter und blickte sehr konzentriert und aufmerksam umher. Seine Blicke wanderten zu einem anderen Schimpansen, zu der er ein besonders freundschaftliches Verhältnis hatte. Gemeinsam lösten sie das Problem (siehe Abbildung).

1. Entscheide für jedes der Beispiele, ob die Schimpansen durch einsichtiges Handeln, bzw. durch Versuch und Irrtum oder durch Nachahmung die Verhaltensweisen erlernt haben.

Versuch 1

Lege aus Streichhölzern die Figur A. Durch Verlegung von 3 Streichhölzern soll eine Figur entstehen, die aus 4 gleichgroßen Quadraten besteht.

A

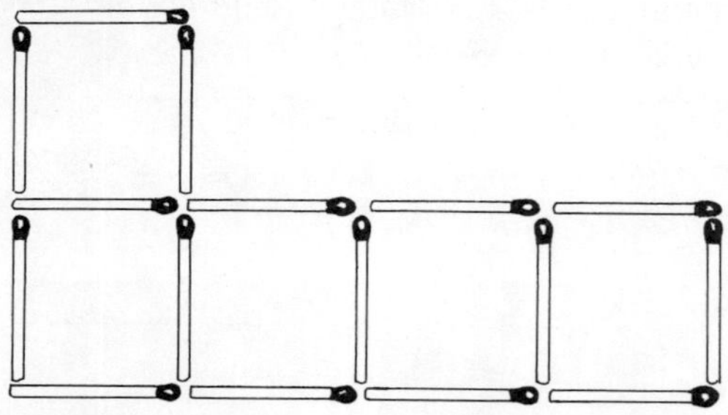

Versuch 2

Lege aus Streichhölzern die Figur B. Durch Verlegung von zwei Streichhölzern soll eine Figur entstehen, die aus 4 gleichgroßen Quadraten besteht.

B

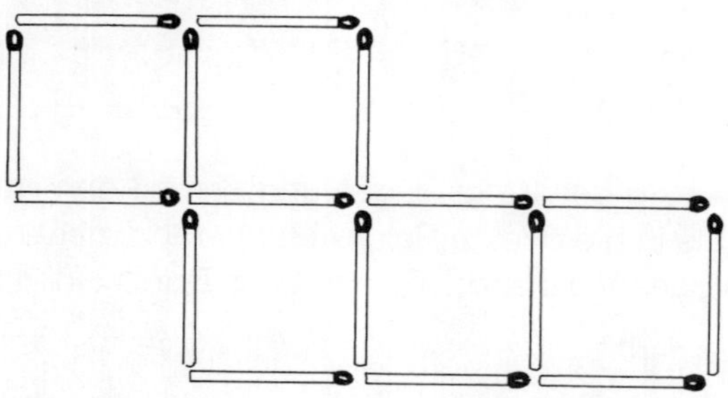

Versuch 3

Lege aus Streichhölzern die Figur C. Durch Verlegen von 3 Streichhölzern soll eine Figur entstehen, die aus 7 gleichgroßen Quadraten besteht.

C

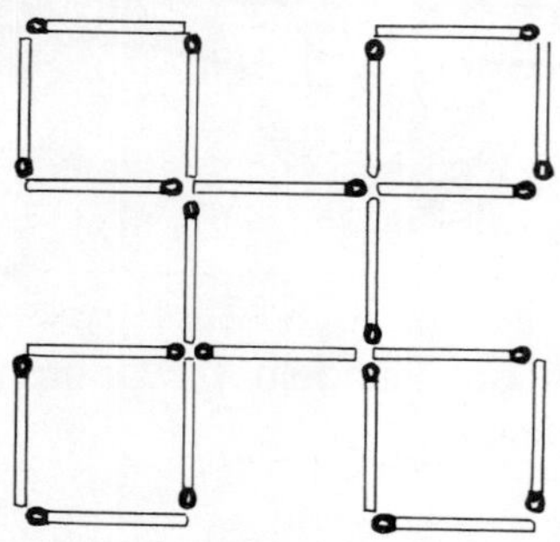

1. Beschreibe, wie die Lösung entstanden ist. ______________________________

____

____

____

Materialien:
Augenbinde, Vorlage für das Labyrinth, Pappkarton, Klebstoff, Schere, Stoppuhr

Durchführung:

a) *Herstellung der Labyrinthe:* Zeichne entsprechend der Vorlage ein Labyrinth auf Pappkarton. Schneide die Gänge aus und klebe das Labyrinth auf einen zweiten Pappkarton.

b) *Labyrinthversuche:* Verbinde der Versuchsperson die Augen und führe die Kuppe des Zeigefingers der Schreibhand an den Startpunkt. Gib anschließend der Versuchsperson den Auftrag die Labyrinthgänge zügig bis zum Ausgang mit der Fingerkuppe entlang zu fahren. Führe den Versuch mit dem Probanden so oft durch, bis er den Weg durch das Labyrinth mehrmals hintereinander mit höchstens einem Fehler durchläuft. Als Fehler zählt jede in die falsche Richtung durchlaufene Entscheidungsstelle (ca. 1 cm in die falsche Richtung).

Miss für jeden Durchgang die Zeit, die der Proband braucht, um den Ausgang zu finden.
Trage die Werte in die untenstehende Tabelle ein. Fertige eine Strichliste für die Fehler an, die der Proband bei jedem Durchlaufen des Labyrinths macht. Trage die Anzahl der Fehler in die Tabelle ein.

Versuchs-Nummer	Fehlerzahl	Zeit in Sekunden

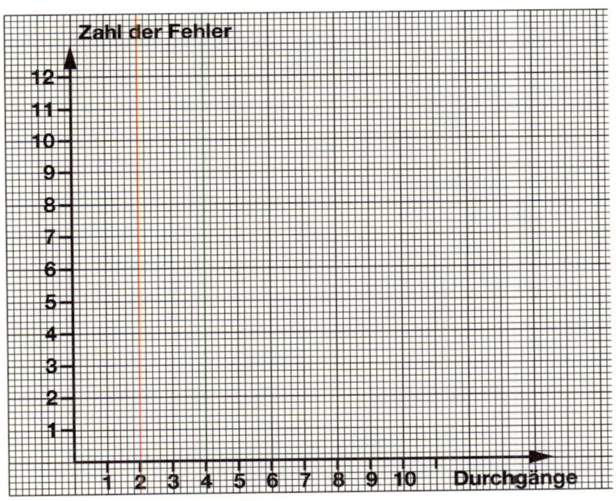

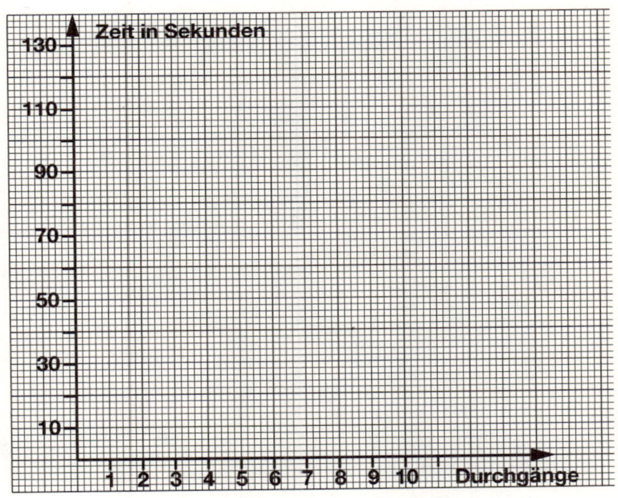

1. Stelle die Tabellenwerte grafisch dar und erstelle damit für jeden Probanden eine Lernkurve.

2. Erläutere, worauf der beobachtbare Lernvorgang beruht.

Ziel
Start

Fossilien

1. Beschreibe die Entstehung der versteinerten Saurierfährte.

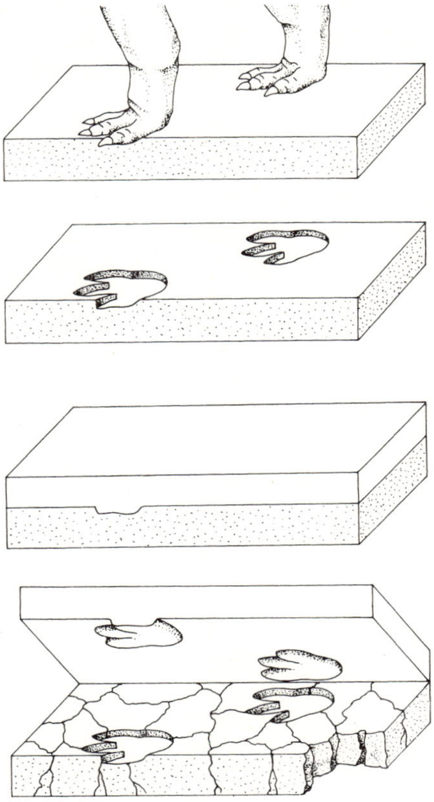

A

B

C

D

2. Das Alter von Fossilien kann mithilfe von Leitfossilien bestimmt werden. Hierbei handelt es sich um Fossilien, die gehäuft in bestimmten Gesteinsschichten auftreten und typisch für die jeweiligen Zeitabschnitte sind.
Bei Ausgrabungen wurden Fossilien zusammen mit zahlreichen versteinerten Trilobiten gefunden. Welche Rückschlüsse lässt dies zu?

3. Welchen Nachteil hat diese Methode zur Altersbestimmung?

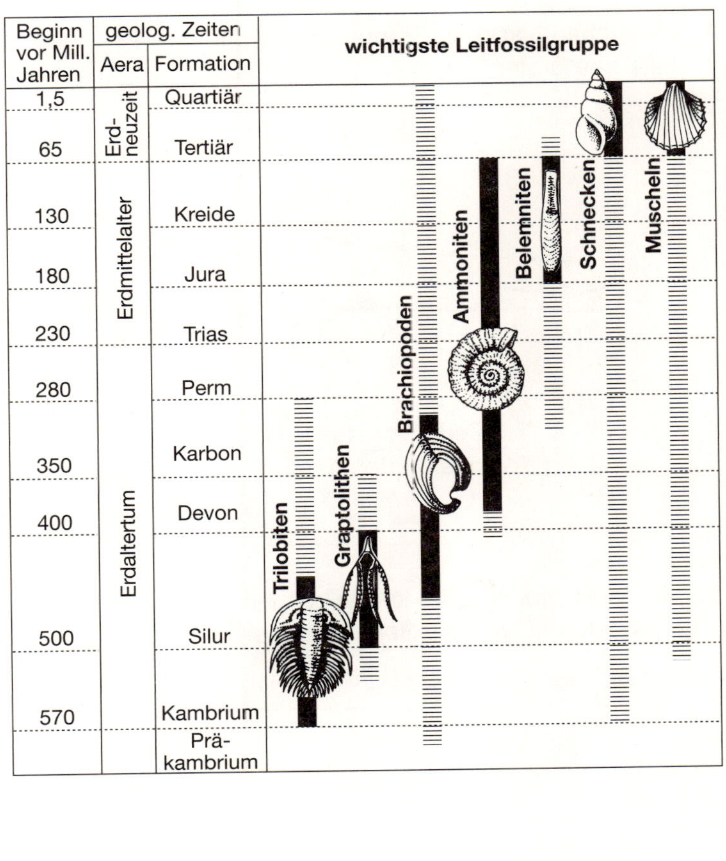

Unsere Atmosphäre enthält neben dem normalen Kohlenstoff auch radioaktiven Kohlenstoff. Nehmen Pflanzen bei der Fotosynthese Kohlenstoffdioxid auf, so gelangt dieser in die Pflanzen. Durch die Nahrungsaufnahme kommt der radioaktive Kohlenstoff dann auch in den tierischen und menschlichen Körper. Die radioaktiven Kohlenstoffatome sind jedoch nicht stabil, sie zerfallen und senden dabei Strahlung aus, die gemessen werden kann. Nach 5740 Jahren ist die Hälfte aller radioaktiven Kohlenstoffatome zerfallen. Man bezeichnet diesen Zeitraum daher als Halbwertszeit.
Stirbt ein Lebewesen, so beginnt die Kohlenstoffuhr zu „ticken“: Der Zerfall des radioaktiven Kohlenstoffs geht weiter, neuer kommt jedoch nicht mehr hinzu.
In jedem Gramm kohlenstoffhaltiger Substanz eines Lebewesens zerfallen pro Minute durchschnittlich 15,3 radioaktive Kohlenstoffatome. Zerfallen bei einem Fossil nur noch 7,65 Atome pro Gramm Kohlenstoff und Minute, so sind seit dem Tod des Lebewesens 5740 Jahre vergangen. Man kann also durch Messung der Anzahl der Zerfallsprozesse das Alter eines Fossils bestimmen.

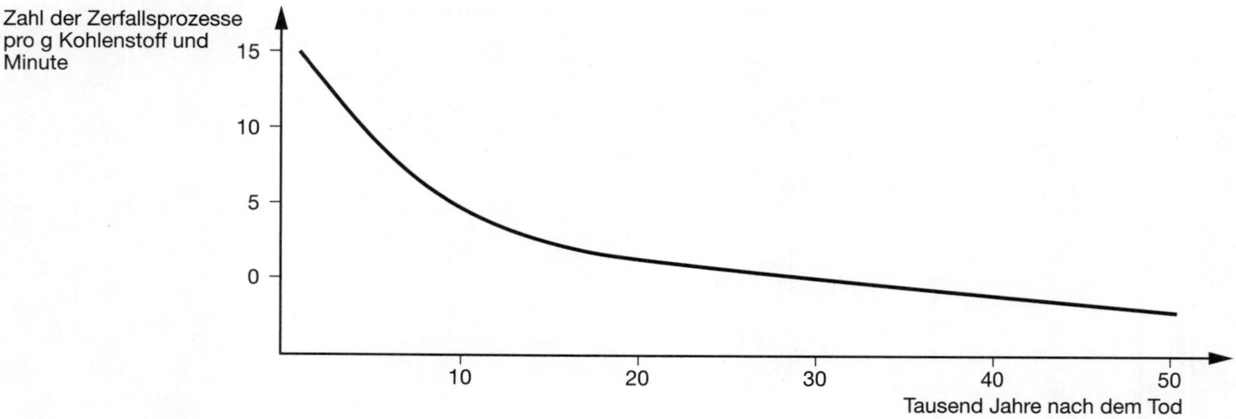

1. Bei archäologischen Grabungen wurden zwei Knochen gefunden. Bestimme das Alter der Knochen mithilfe des Grafen.

Knochen 1

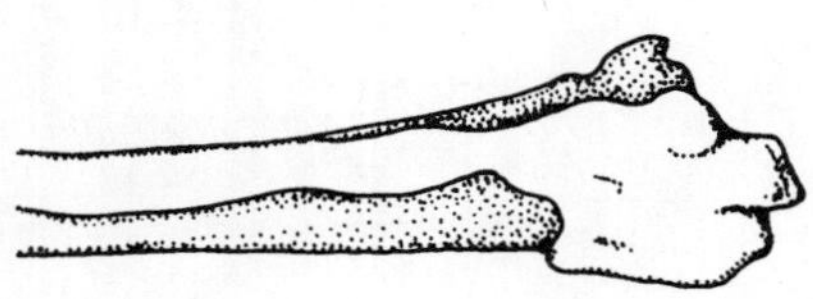

$\frac{\text{7,5 Zerfallsprozesse}}{\text{g Kohlenstoff und Minute}}$

Alter: ____________________

Knochen 2

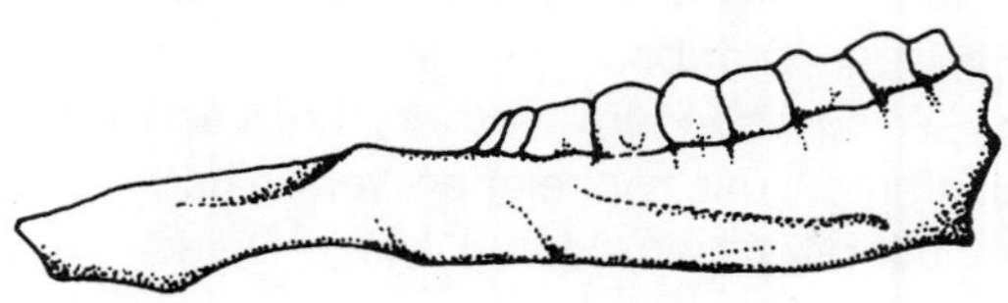

$\frac{\text{1,87 Zerfallsprozesse}}{\text{g Kohlenstoff und Minute}}$

Alter: ____________________

2. Mit der Radiocarbonmethode können nur relativ junge Fossilien bis zu einem Alter von etwa 50 000 Jahren bestimmt werden. Begründe, warum.

____

____

1. Trage die Ziffern der verschiedenen Tiere und Pflanzen an passender Stelle ein.

Beginn vor Mill. J.		**System**
4000		Präkambrium
570	○	Kambrium
500	○	Ordovicium
435	○ ○	Silur
410	○ ○	Devon
360	○ ○	Karbon
280		Perm
220	○	Trias
190	○ ○	Jura
135	○ ○	Kreide
70	○	Tertiär
1,8	○	Quartär

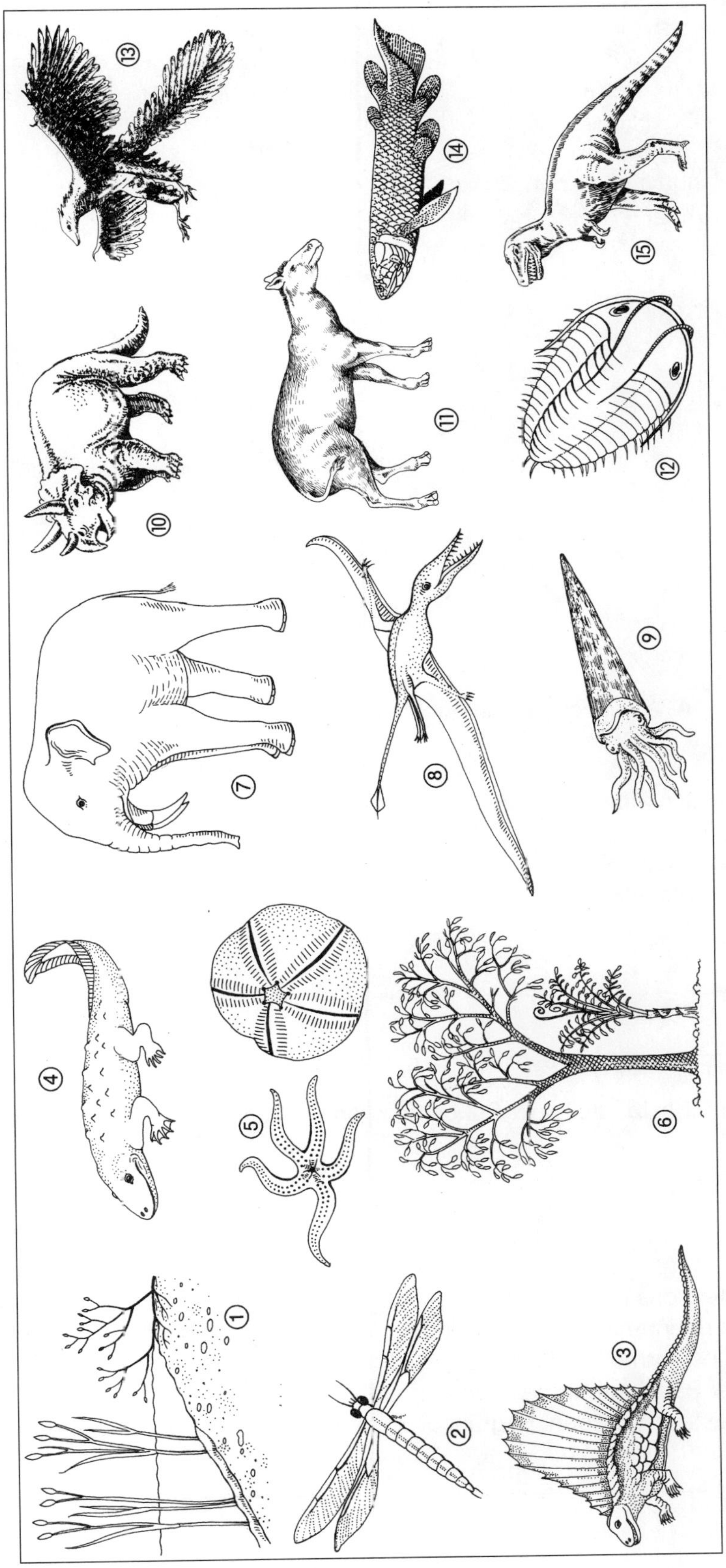

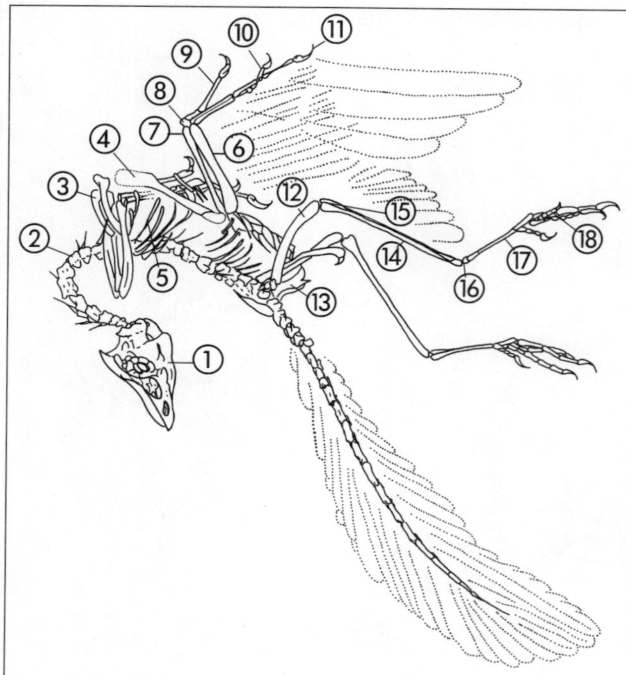

A Archaeopteryx in Fundlage

B Rekonstruktion

1. Ordne den Ziffern der Abbildung A die entsprechenden Begriffe zu.

2. Welche Bestandteile der Rekonstruktion entstammen der Fantasie des Zeichners?

3. Erläutere das folgende Zitat: „... Selbst die große Kluft zwischen Vögeln und Reptilien ist unerwartet teilweise überbrückt worden ... durch ... die ausgestorbene Archaeopteryx" (CHARLES DARWIN: Über die Zwischenformen in der Natur [1872 bzw. 1859]).

A

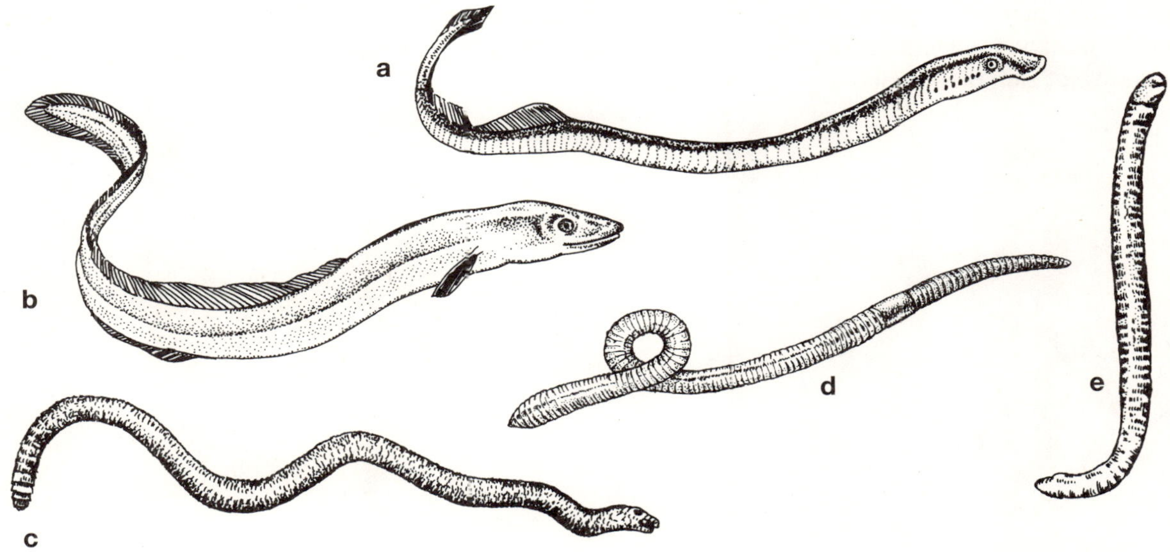

a Neunauge (Kieferlose), b Aal (Knochenfische), c Ringelechse (Schuppenechsen), d Regenwurm (Ringelwürmer), e Wurmschnecke (Weichtiere)

B

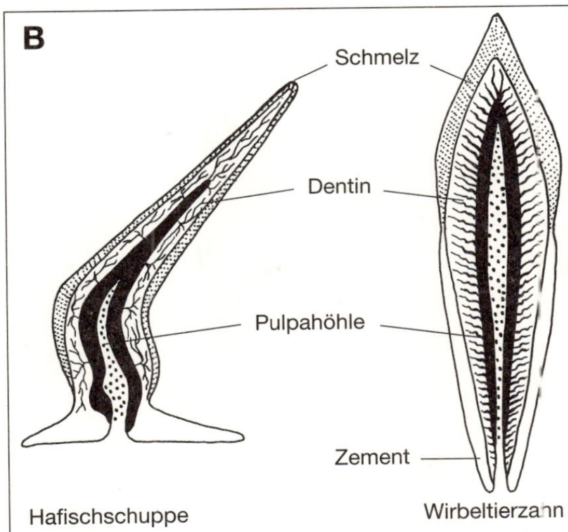

C

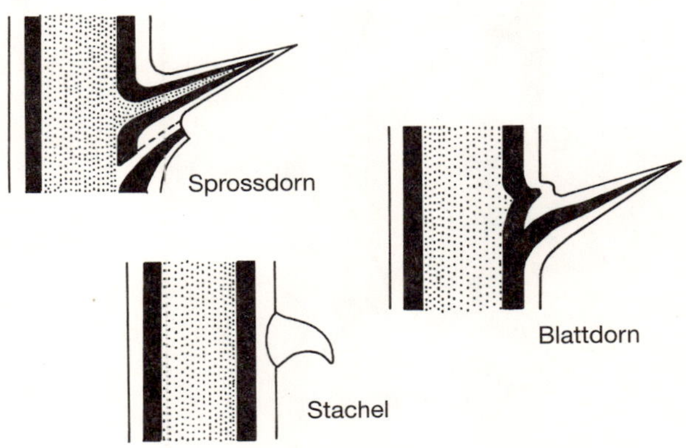

Sprossdorn (z. B. Schlehe), Blattdorn (z. B. Berberitze), Stachel (z. B. Rose)

1. Begründe für jedes der drei Beispiele getrennt, ob hier Homologie oder Analogie vorliegt.

Der charakteristische Laut des Wolfes ist das Heulen. Dazu hebt er den Kopf nach oben und legt die Ohren zurück. Mit nach vorne gezogenen Lippen und leicht geöffnetem Maul bringt er durch Ausblasen der Luft einen langgezogenen UUUU-Laut hervor. Eine derartige Heulstrophe hält bis zu 20 Sekunden an. Auch bei Kojoten zeigt sich dieses Heulen.

Wolf

Kojote

Bei Vögeln findet man folgende Beschwichtigungsgeste: Sie wenden ihren Schnabel vom Artgenossen ab, indem sie ihn entweder senkrecht nach oben, unten oder zur Seite halten.

Kaptölpel

Eilseeschwalbe

Kohlmeise

1. Erkläre die oben beschriebenen Verhaltensähnlichkeiten aus evolutionsbiologischer Sicht.

Bein gleich Bein?

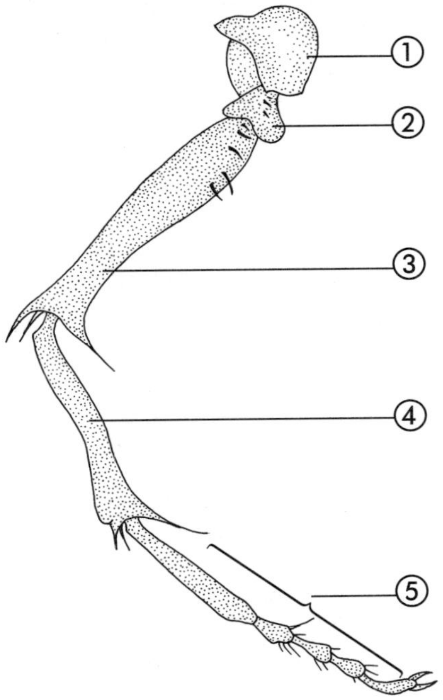

Abbildung A

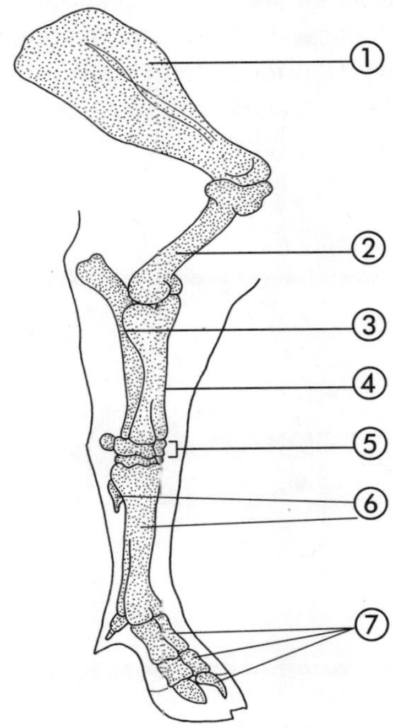

Abbildung B

1. Ordne den Ziffern der Abbildungen A und B die entsprechenden Fachbegriffe zu und gib an, von welchem Tier die Abbildung stammt.

Name	**A:**	**B:**
Nr.	1	1
	2	2
	3	3
	4	4
	5	5
		6
		7

2. Nimm Stellung zu der Frage: „Bein gleich Bein?“

Die Entwicklung der Scholle

Die zu den Plattfischen gehörende Scholle ist ein seitlich stark abgeflachter Bodenfisch. Die Seite, mit der das Tier auf dem Boden liegt, ist augenlos, die Kiemenöffnung ist zurückgebildet. Mund und beide Augen befinden sich auf der nach oben gerichteten Seite.
Bei der frisch aus dem Ei geschlüpften Larve sieht das ganz anders aus: Sie ist aufgebaut wie ein normaler Fisch. Innerhalb von kaum sechs Wochen ist die folgende Entwicklung zu beobachten:

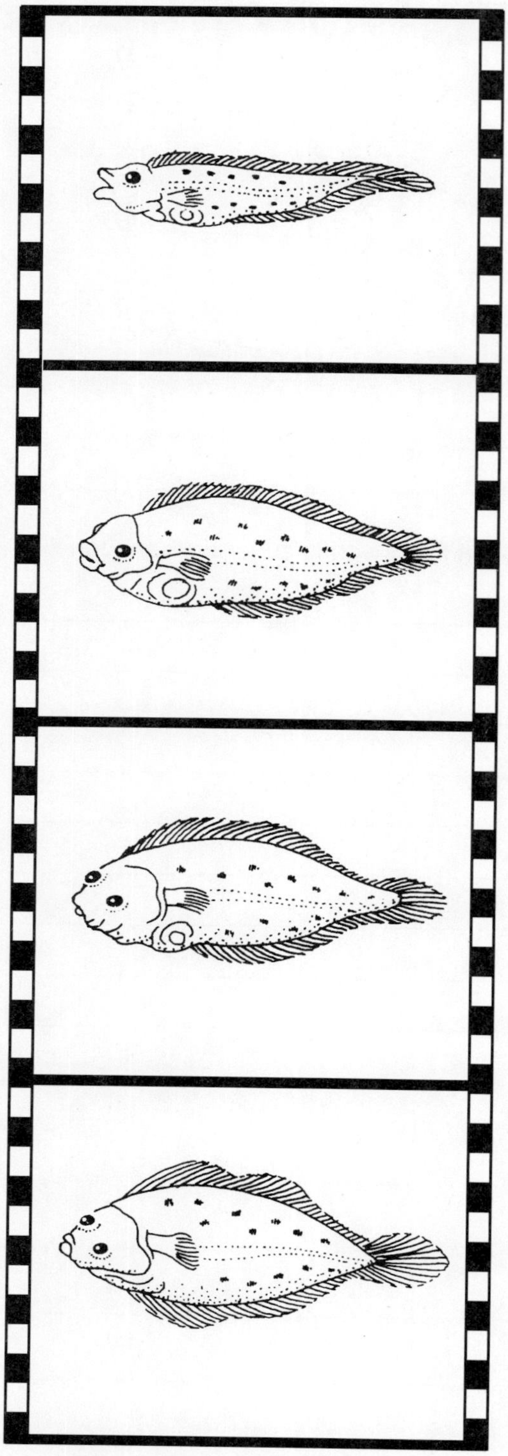

1. Beschreibe die dargestellte Entwicklung.

2. Leite aus der dargestellten Entwicklung Aussagen zur Abstammung der Plattfische ab.

Gemeinsame Merkmale – gemeinsame Vorfahren?

Flusspferd

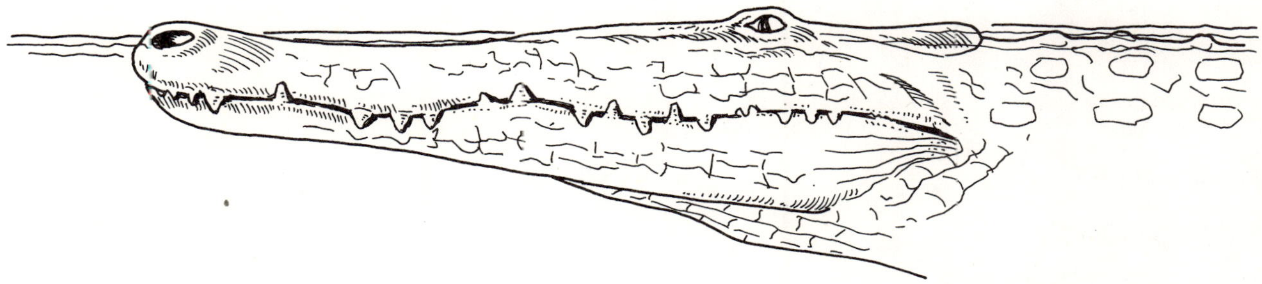

Krokodil

Grasfrosch

1. Ordne die drei Tiere je einer Tiergruppe zu und beschreibe die gemeinsamen Merkmale.

2. Wie ist das Zustandekommen der Übereinstimmungen zu erklären?

Rudimentäre Organe beim Menschen

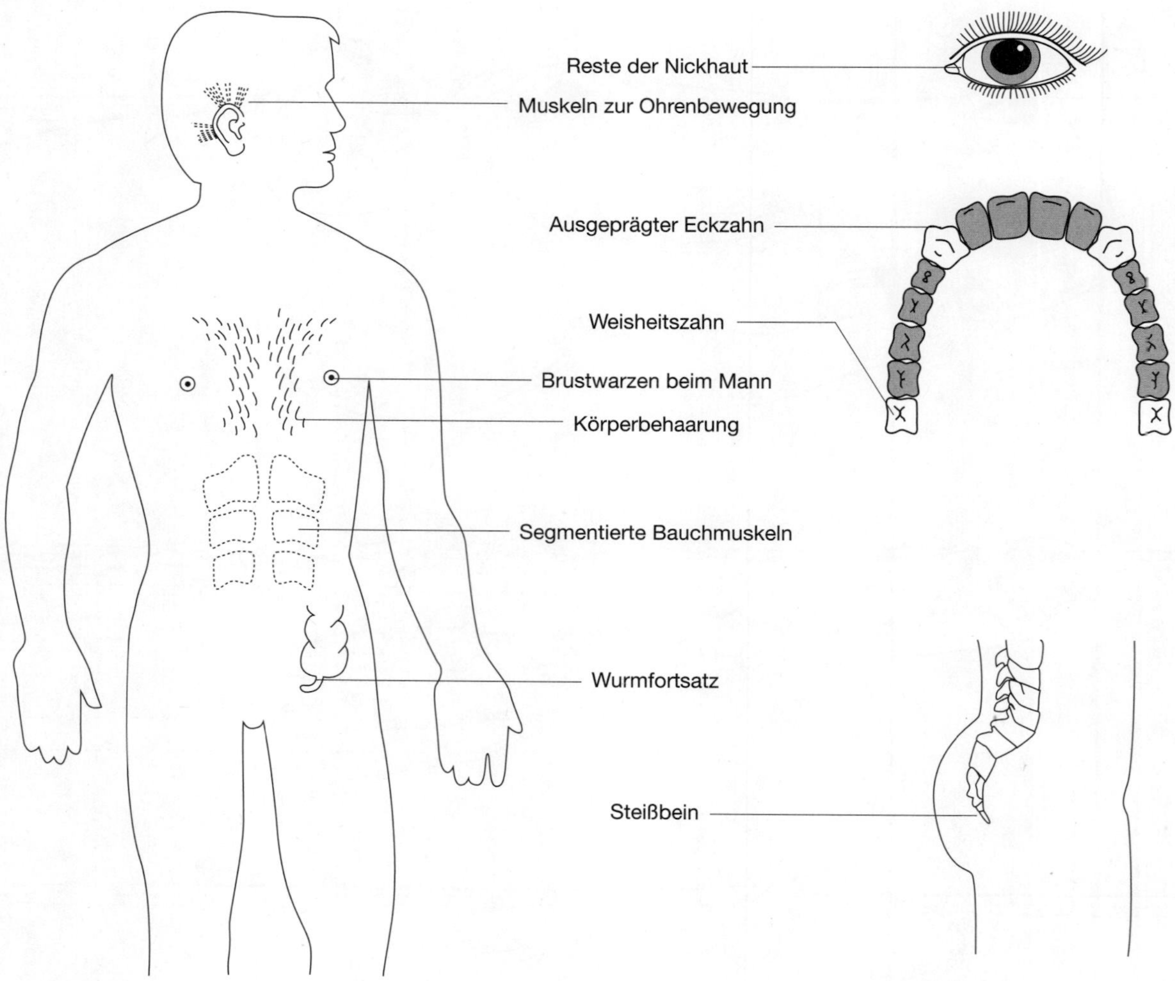

1. Der Blinddarm (Wurmfortsatz) ist bei manchen Säugetieren wie dem Kaninchen lang und gut ausgeprägt. Beim Menschen hingegen ist er stark zurückgebildet. Erkläre am Beispiel des Blinddarms den Begriff rudimentäres Organ.

____

____

2. Welche Rückschlüsse erlauben die verschiedenen rudimentären Organe über die Evolution des Menschen?

____

____

____

____

____

Atavismus – oder woher stammen diese Merkmale?

A: Abbildung des vierzehigen Vorderfußes des Urpferdes

B: Fuß eines heutigen Pferdes mit nur einer ausgebildeten Zehe

C: Vorderfuß eines Hauspferdes, der an Stelle des Griffelbeines eine entwickelte Zehe mit einem kleinen Huf trägt.

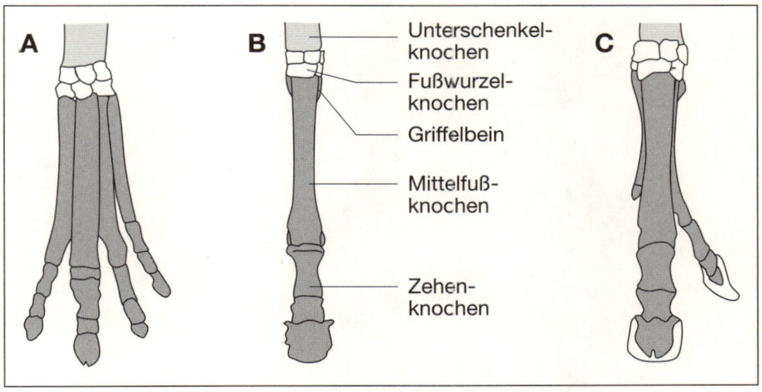

1. Erkläre die Bildung der zusätzlichen Zehe in Abbildung C aus evolutionsbiologischer Sicht.

2. Beschreibe die auffälligen Merkmalsausbildungen in der obigen Abbildung.

3. Nimm zu dem beschriebenen Sachverhalt aus evolutionsbiologischer Sicht Stellung.

LAMARCK und DARWIN im Vergleich

1. Beschreibe, wie LAMARCK die Veränderungen erklärt.

2. Beschreibe die Veränderungen nach DARWIN.

Birkenspanner sind Schmetterlinge, die auf Birkenstämmen ruhen. Dort sind sie gut getarnt und vor ihren Fressfeinden, insektenfressenden Vögeln, geschützt. In Reinluftgebieten findet man vorwiegend die helle Variante, in der Nähe von Industriegebieten die dunkle Form.

1. Erkläre die Entstehung der dunklen Form des Birkenspanners in Industriegebieten.

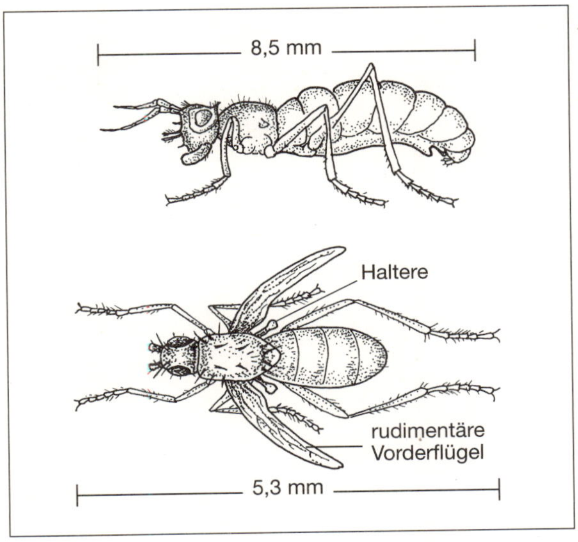

Auf den Kerguelen-Inseln findet man flugunfähige Fliegen. Die Kerguelen-Inseln sind eine Inselgruppe im südlichen Indischen Ozean nahe der Antarktis. Dort herrscht ein raues, sehr sturm- und nebelreiches Klima.

2. Erkläre die Entstehung flugunfähiger Fliegen auf den Kerguelen-Inseln.

Experimente in der Evolution?

Experiment A:
500 helle und 500 dunkle Birkenspanner wurden mit kleinen Kunststoff-Punkten an den Flügeln markiert. Anschließend wurden sie in einem unverschmutzten Wald, indem viele Baumstämme mit hellen Flechten bedeckt waren, ausgesetzt. Nachts wurden die Falter dann mit Lampen angelockt, eingefangen und ausgezählt:

Experiment B:
Das obige Experiment wurde wiederholt, nur dass die Falter diesmal in einem verschmutzen Wald ohne Flechten ausgesetzt wurden:

1. Welche Fragestellung liegt den Experimenten zugrunde?

____

____

2. Fasse die Ergebnisse der Experimente zusammen. Welche Folgerung lässt sich aus den Ergebnissen ableiten?

____

____

____

____

Artbildung bei den Eichhörnchen

71

Zwei verschiedene Eichhörnchenarten derselben Gattung bewohnen die einander gegenüberliegenden Ränder des Grand Canyon (USA). Die eine lebt am Südrand und ist etwas kleiner als die nur wenige Kilometer am Nordrand lebende Art.

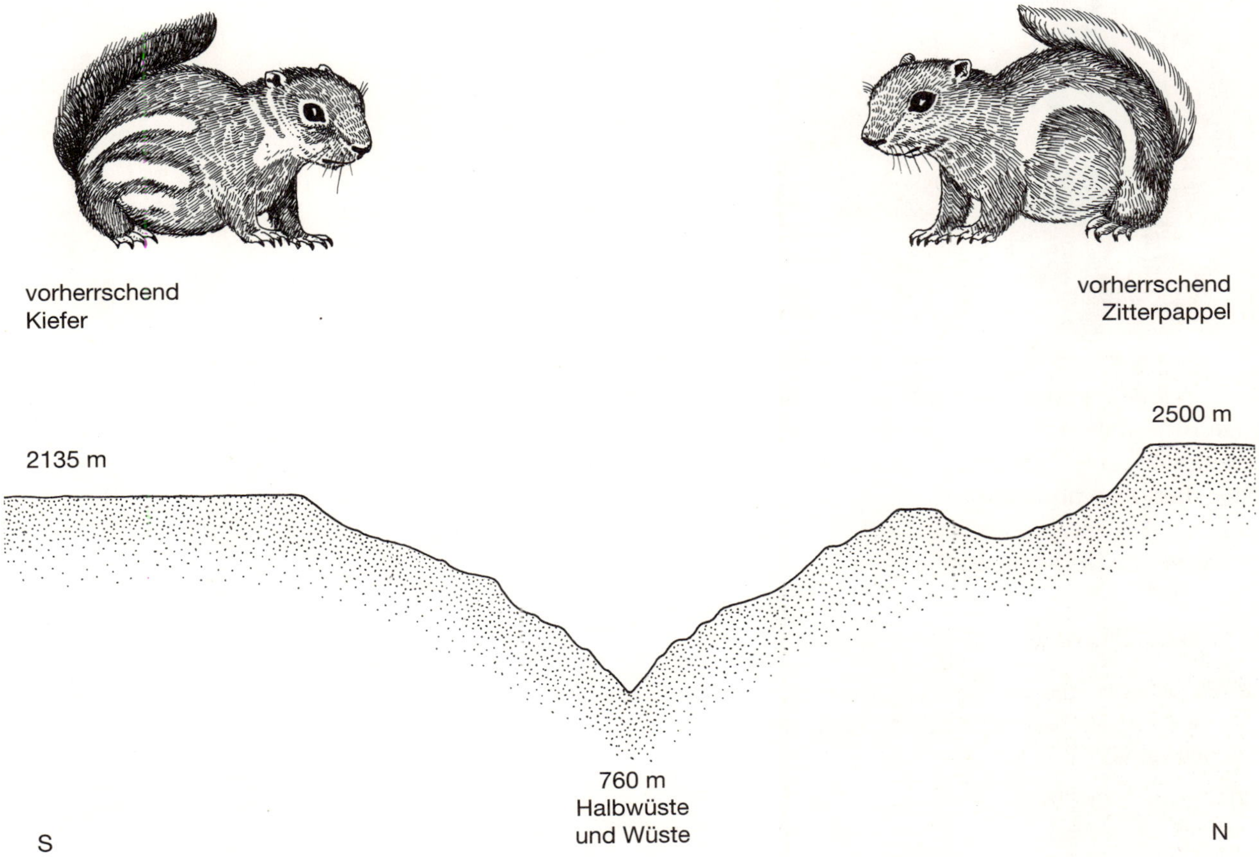

1. Wie lässt sich die Aufspaltung der Eichhörnchen in die beiden Arten erklären?

____

____

____

____

____

____

2. Vögel, die ebenfalls auf den beiden verschiedenen Rändern des Grand Canyon leben, haben sich nicht in unterschiedliche Arten aufgespalten. Erkläre, warum.

____

____

Neuwelt- und Altweltaffen

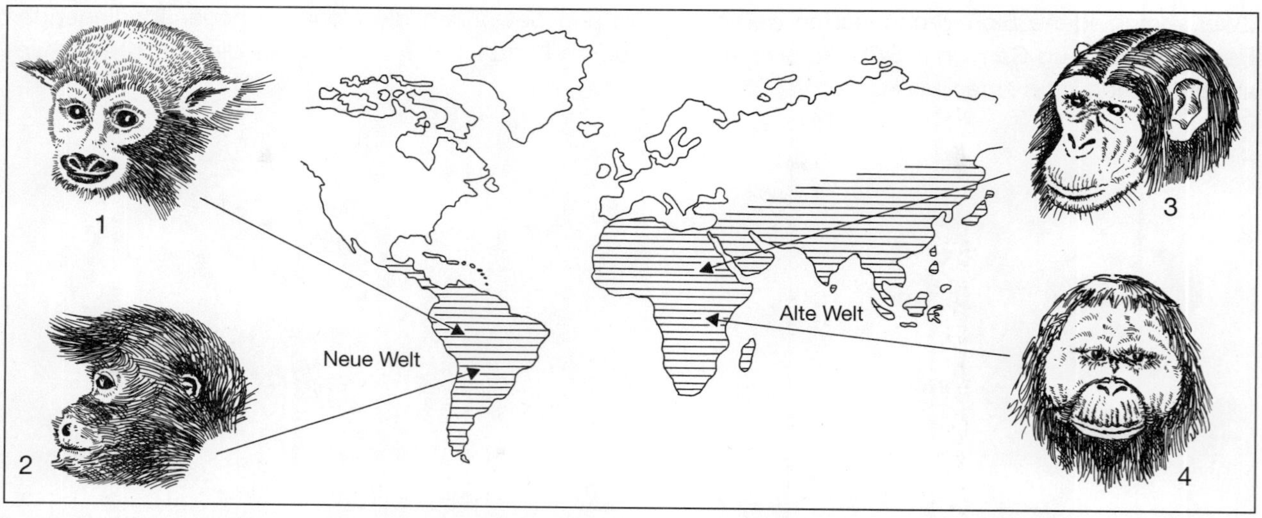

Neuweltaffen findet man in Mittel- und Südamerika. Sie unterscheiden sich in vielen Merkmalen so sehr von den Altweltaffen Afrikas und Asiens, dass man lange Zeit annahm, sie hätten sich aus völlig getrennten Zweigen von Halbaffen entwickelt. Tatsächlich weiß man heute aber, dass sie von einer einzigen Gruppe von Halbaffen abstammen.

1. Benenne die abgebildeten Affen.

1 = ______________ 2 = ______________

3 = ______________ 4 = ______________

2. Beschreibe die Veränderung der Kontinente im Verlauf der letzten 180 Millionen Jahre.

____

____

____

____

____

____

____

____

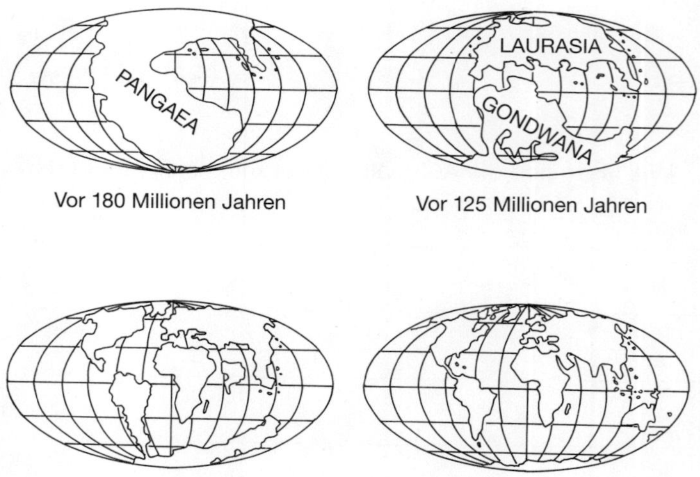

Vor 180 Millionen Jahren

Vor 125 Millionen Jahren

Vor 55 Millionen Jahren

Heute

3. Erkläre die Entstehung der Neuwelt- und Altweltaffen aus evolutionsbiologischer Sicht.

____

____

____

Evolution des Weizens

Der heutige Saatweizen entstand durch die Vereinigung verschiedener Chromosomensätze und durch anschließende Mutationen. Einige Schritte dieser Evolution des Saatweizens ließen sich experimentell wiederholen:
Wildemmer wurde mit Ziegenweizen gekreuzt. Der entstehende Artbastard ist nicht fruchtbar. Anschließend wurde Colchicin hinzugegeben (Colchicin ist ein Gift, das die Ausbildung der Spindelfasern während der Mitose verhindert). Dabei entstand fruchtbarer Saatweizen.

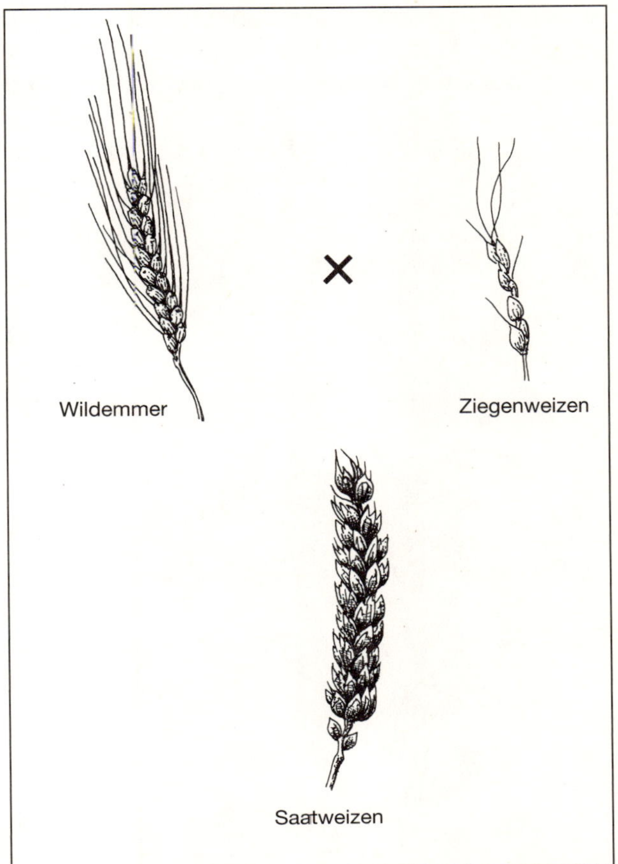

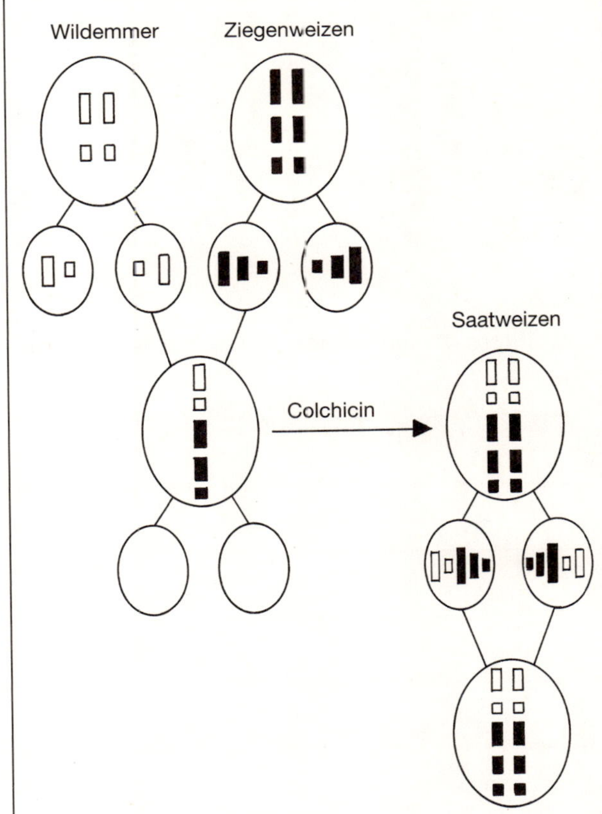

1. Beschreibe anhand des untenstehenden Schemas die Auswirkungen der Colchicin-Behandlung.

2. Warum ist der Artbastard aus Wildemmer und Ziegenweizen unfruchtbar, nicht aber der Saatweizen?

3. Welche Vorteile besitzen Pflanzen, die wie der Saatweizen, das Erbgut mehrerer Arten in sich tragen?

Aus dem Ende des 18. Jahrhundert stammt die nachfolgende Radierung mit der Bezeichnung „Stufenfolge von dem Frosch bis zum Apollo-Profile.“
Apollo war ein griechischer Gott, der als Inbegriff der Vollkommenheit galt.

1. Erläutere die Grundidee, die hinter der Abbildung steht.

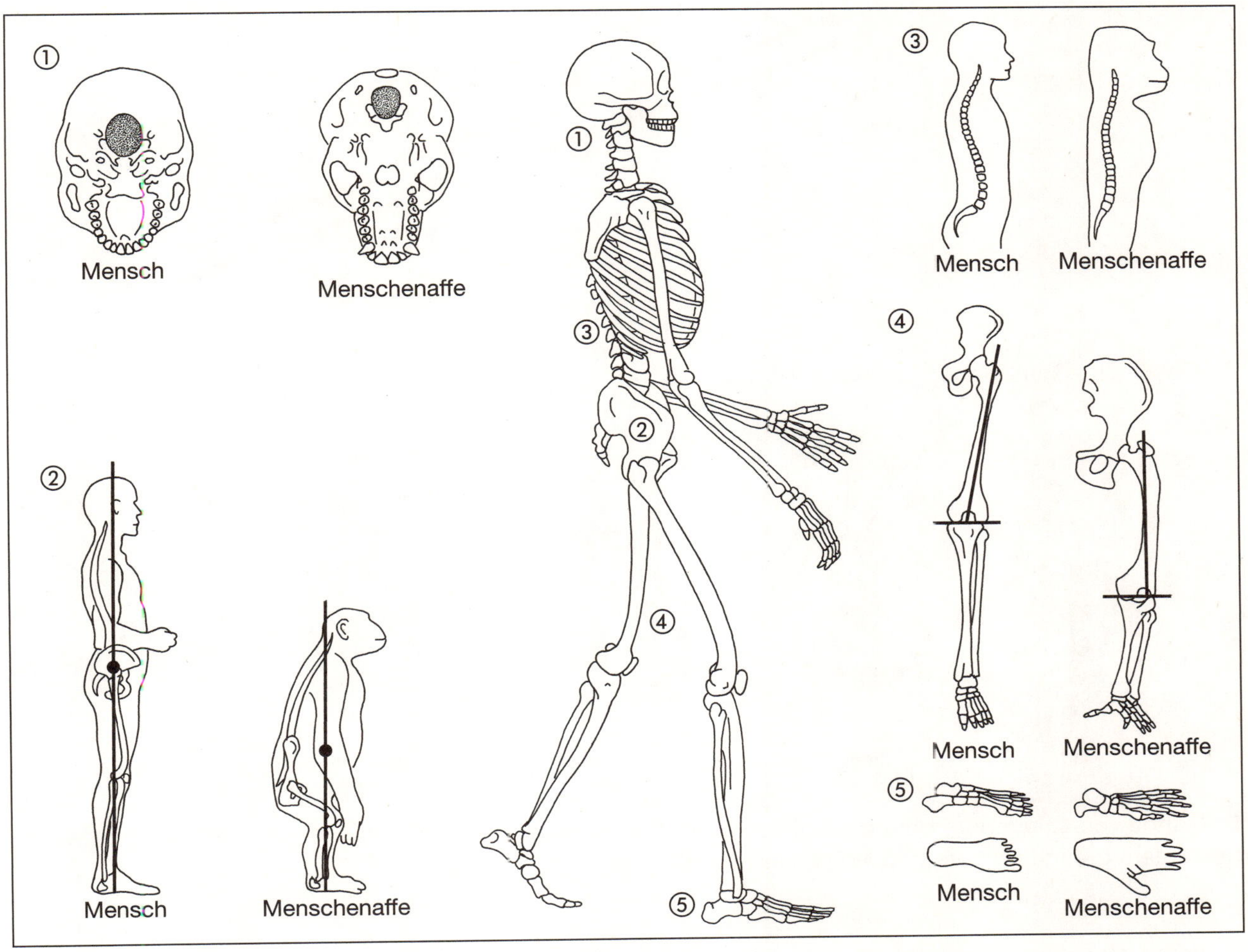

1. Beschreibe die wesentliche anatomischen Unterschiede zwischen Mensch und Menschenaffe (1→5). Erkläre dabei jeweils, warum dieses Merkmal als Anpassung an den aufrechten Gang zu verstehen ist.

Der Mensch – ein Handwerker

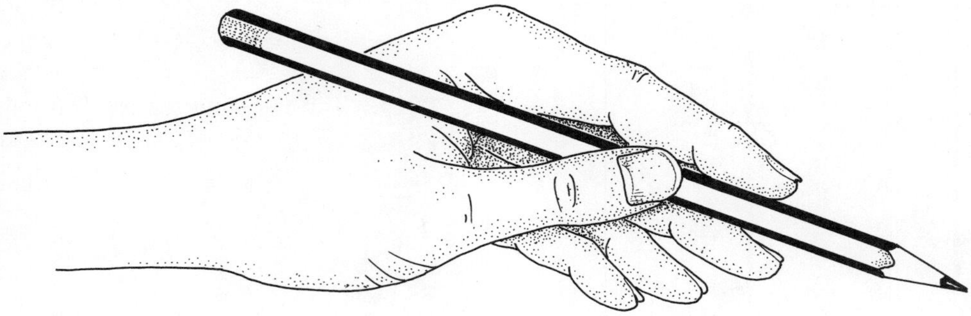

A. Geschickte Handhabung eines Bleistiftes

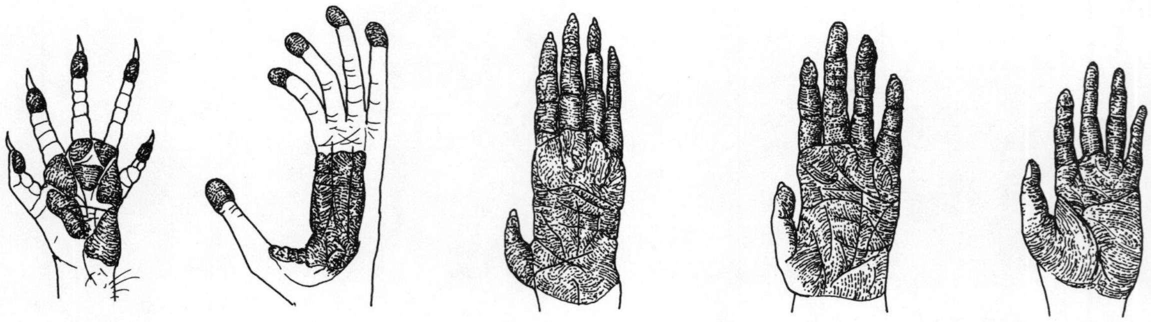

Tupaia (Halbaffe) | Indri (Halbaffe) | Schimpanse (Affe) | Orang-Utan (Affe) | Mensch

B. Hände verschiedener Primaten. Bei den dunkel gehaltenen Flächen handelt es sich um Hautpolster, die besonders gut mit Sinnes- und Nervenzellen ausgestattet sind.

1. Vergleiche die verschiedenen Primatenhände. Achte dabei besonders auf die Hautflächen und den Daumen.

____

____

____

2. Stelle die Besonderheiten der menschlichen Hand heraus.

____

____

____

3. Versuche mit der Griffhaltung eines Schimpansen eine Zeichnung anzufertigen und berichte über deinen Zeichenerfolg.

____

____

Rekonstruktion von LUCY

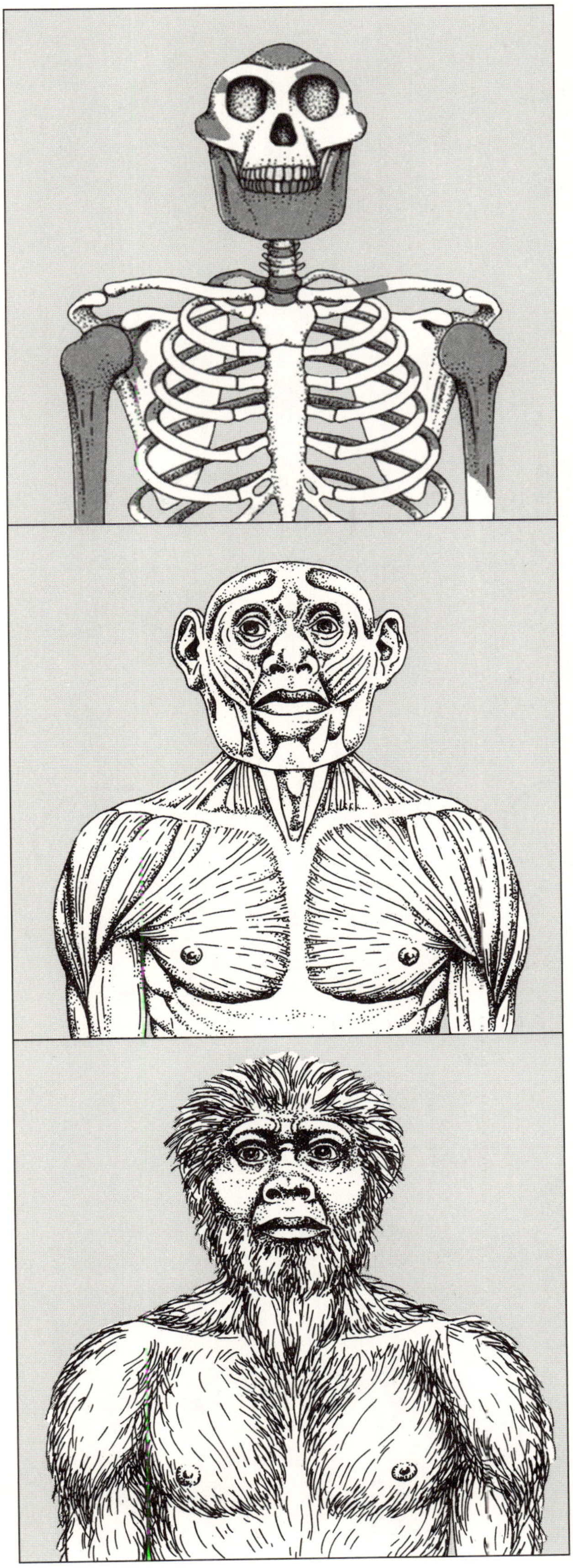

Im Jahre 1974 wurden in Äthiopien die Knochenreste eines jungen Mädchens gefunden. Die Datierung ergab, das es sich um ein 3,5 bis 4 Millionen Jahre altes Fossil handelt. Offiziell heißt der Fund Australopithecus afarensis. Vom Entdecker wurde das Mädchen jedoch LUCY genannt.
Die Rekonstruktion ging lediglich von Knochenresten aus, die in der ersten Abbildung dunkel gezeichnet sind.

1. Beschreibe die verschiedenen Schritte einer Lebendrekonstruktion.

2. Gegen Lebendrekonstruktionen wird häufig eingewandt, dass sie im wesentlichen die Fantasie der Wissenschaftler widerspiegeln. Welche Schritte der LUCY-Rekonstruktion sind besonders problematisch?

3. Welche Gründe sprechen trotz dieser Einwände für eine Lebendrekonstruktion?

1. Schneide das Schädelpuzzle aus, klebe es zusammen. Ergänze die fehlenden Teile zeichnerisch. Bestimme anschließend mithilfe der Schädelreihe, um welchen Menschentyp es sich handelt.

____

____

____

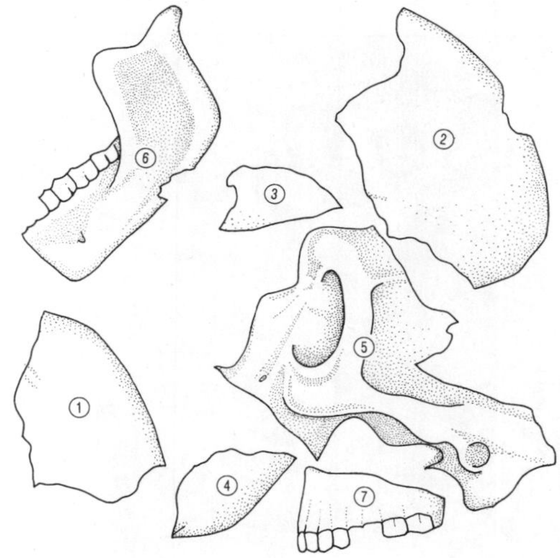

2. Bringe die Schädelreihe in die richtige chronologische Reihenfolge.

____

____

3. Ordne die Lebensbilder durch Pfeile einem Schädeltyp zu.

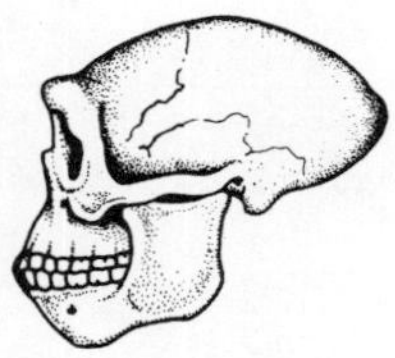	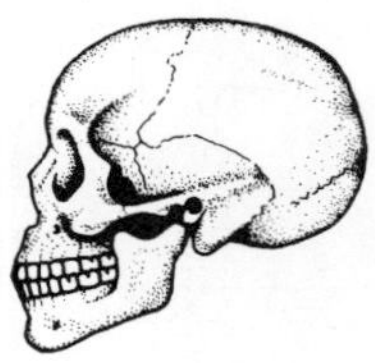	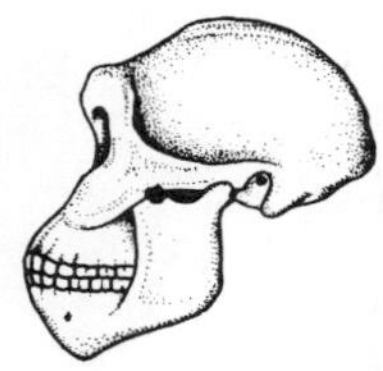	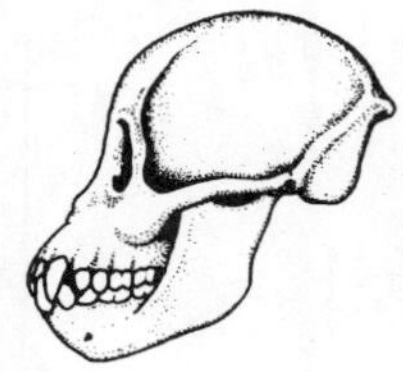	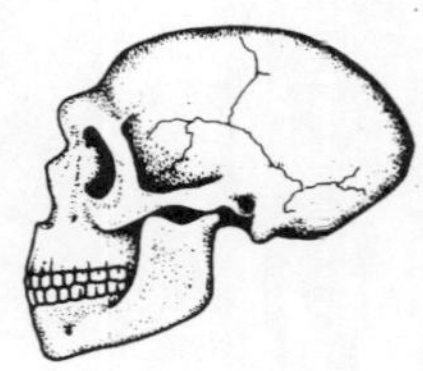
A Homo erectus	**B** Jetztmensch	**C** Australopithecus	**D** Ramapithecus	**E** Neandertaler

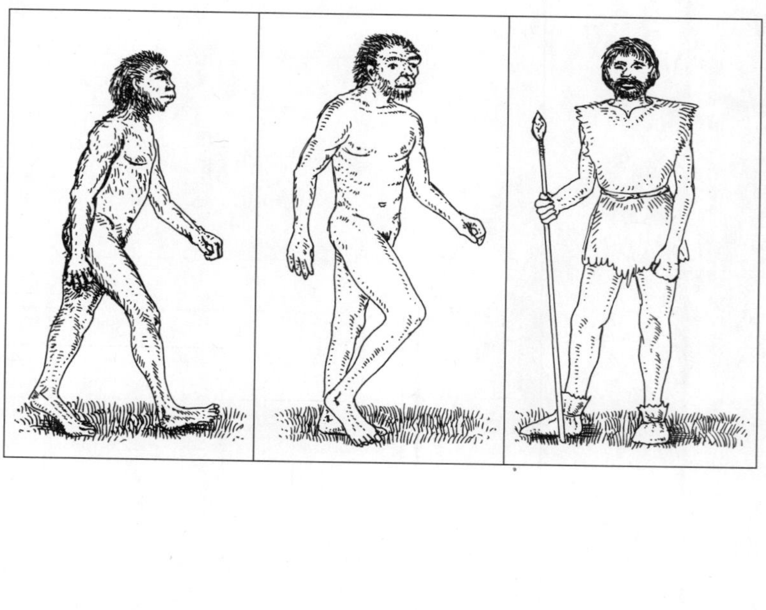

Wie sah der Neandertaler aus?

Ältere Rekonstruktion

Neuere Rekonstruktion

Die Ansichten über Aussehen und Lebensweise des Neandertalers haben sich im Laufe der Zeit stark verändert. Noch 1886 meinten die Fachleute: „das scheusalige Erscheinungsbild dieses muskulösen, aber plumpen Körpers und des Schädels mit seinem mächtigen Unterkiefer ... enthüllt die Vorherrschaft einer ... tierischen Wesensart über die geistigen Funktionen.“ Gleichzeitig entstanden Rekonstruktionen des Neandertalers in leicht gebückter Haltung.

Neuere Rekonstruktionen zeigen den Neandertaler jedoch in aufrechter Haltung. Der Neandertaler verfügte über eine relativ weit entwickelte Kultur. So nahm er kultische Handlungen vor, bestattete seine Toten und war in der Lage unterschiedliches Steinwerkzeug herzustellen. Im Jahre 1957 konnte man daher lesen: „wenn uns in der U-Bahn ein Neandertaler begegnete, würde er kaum Aufsehen erregen – vorausgesetzt er wäre gewaschen, rasiert und hätte moderne Kleider an“.

1. Beschreibe, wie sich die verschiedenen Anschauungen zum Neandertaler in den Rekonstruktionen niederschlagen.

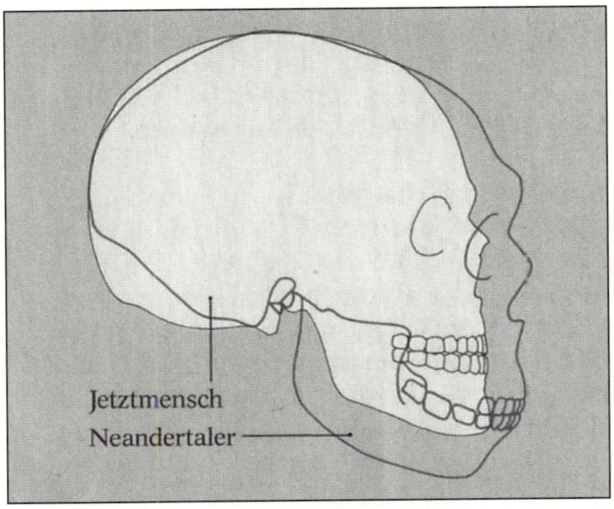

Schädelumriss eines Neandertalers und eines Jetztmenschen

2. Vergleiche den Schädelumriss des Neandertalers mit dem des Jetztmenschen.

Ein Rätsel zur Evolution

1. Möglicher Vorfahre des Menschen, lebte vor ca. 40000 Jahren
2. Erdzeit vor 380 Millionen Jahren
3. Erdzeit vor 220 Millionen Jahren
4. Man nennt sie auch Erbänderungen
5. Sie zeigen, wie ein fossiles Lebewesen aussah, sind aber kein Teil des Lebewesens
6. Erdzeit vor 280 Millionen Jahren
7. Er ist in den Augen vieler Menschen das höchstentwickelte Lebewesen
8. Der Rest eines ursprünglich funktionsfähigen Organs
9. Lebewesen oder Teile von Lebewesen, die man im Gestein oder anderen Stoffen findet
10. Gegenbegriff zu homolog
11. Sie verhindert, dass Lebewesen fruchtbare Nachkommen miteinander haben
12. Erdloch → Holzhaus → Steinhaus → Wolkenkratzer, ein Beispiel für die ...
13. Frühe Form des Menschen vor ca. 500000 Jahren
14. Vorläufer der heutigen Vögel?
15. Bedeutender Evolutionsforscher
16. Wichtige Form „auf dem Wege" zum Menschen, lebte vor ca. 1 Millionen Jahren

(Hinweis: Die Lösungswörter zu 12 und 13 bestehen aus zwei Teilen)

Trage die erfragten Begriffe 1–16 in die dafür vorgesehenen Felder ein und notiere den umrandeten Begriff:

____